珠江口
水生态环境图谱

王圣瑞 林 慰 董 越 周春羊 等 著

科学出版社

北 京

内 容 简 介

珠江口地处粤港澳大湾区腹地，是近 30 年世界经济发展速度最快、人口密度最大的区域。高强度开发和人类活动对区域水生态环境造成了巨大压力，其水质下降、复合污染、生态破坏等问题备受关注。本书聚焦珠江口水生态环境健康问题，以气 - 水 - 沉积物界面污染物生物地球化学过程为主线，以营养盐、金属、持久性有机污染物、温室气体及主要生物类群为主要研究对象，以图谱形式深入剖析其空间分布和历史演变特征，评估区域水环境健康状况，提出综合性认识及见解，解析了珠江口水生态环境问题并提出保护治理对策建议。

本书属于粤港水安全保障联合实验室项目的重要成果，可供从事海洋科学、河口海岸学、生物地球化学、环境化学、环境管理及水利工程等工作的科研人员、管理人员、大专院校师生及感兴趣者参考阅读。

审图号：GS 京（2024）2636 号

图书在版编目（CIP）数据

珠江口水生态环境图谱 / 王圣瑞等著 . -- 北京：科学出版社，2025.1.
ISBN 978-7-03-080963-6

Ⅰ . X143-64

中国国家版本馆 CIP 数据核字第 2024QJ9722 号

责任编辑：刘　舟 / 责任校对：杜子昂
责任印制：徐晓晨 / 封面设计：北京图阅盛世

科 学 出 版 社 出版

北京东黄城根北街 16 号
邮政编码：100717
http://www.sciencep.com

北京汇瑞嘉合文化发展有限公司印刷
科学出版社发行　各地新华书店经销

2025 年 1 月第 一 版　开本：787×1092　1/16
2025 年 1 月第一次印刷　印张：10 1/2
字数：250 000

定价：150.00 元

作者名单

主要作者

王圣瑞　林　慰　董　越　周春羊

参与作者

范福强　袁行宇　黄宇铭　傅致远　温志谦

高　超　黄本胜　邱　静　齐　晔　杜迪佳

陈永勤　李剑锋　武广元　王　丽

前言
PREFACE

  河口是陆地、海洋和大气交互的区域,环境条件复杂且相互影响密切,与人类活动密切相关,对其生态环境健康状况的细致研究及准确评估是河口管理、保护的重要基础。珠江口位于粤港澳大湾区腹地,是珠江三角洲网河和残留河口湾并存的区域,其河网密集,海河交汇,生态系统生物多样性丰富,生物群落与河口环境通过能量流动和物质循环形成了一个相互影响、相互作用,并具有自调节功能的自然整体,是陆地和海洋联系的纽带,具有栖息地、过滤作用、屏蔽作用、通道作用、源汇功能等多种生态服务功能。然而近三十年来,高速经济发展和高强度人类活动对珠江口水生态环境造成了巨大压力,河口水质恶化、复合污染加剧、生态退化等问题逐渐凸显,综合性、前瞻性认识区域水生态环境问题迫在眉睫。本专著在对珠江口走航及采样调查基础上,结合实验室分析、数据收集、模型计算、地理信息系统应用等方法,从长的时间尺度和大的空间范围,总体把握珠江口水生态环境演变,评估区域健康状况,绘制珠江口水生态环境健康图谱,为粤港澳大湾区水环境保护治理提供支持,对促进区域人地关系协调与可持续发展具有重要意义。

  本专著共分为六章,包括三方面内容。其中,第一方面介绍珠江口区域概况,包括第一章自然、经济和水质状况,并总结区域特征。第二方面全面描述了珠江口水生态环境及健康状况,包括第二章水环境和主要生物类群空间分布状况,第三章珠江口水生态环境历史变化趋势及相关保护治理政策和重要行动对水环境的关键影响,第四章从空间和时间维度分别对珠江口水生态环境健康状况进行全面、细致的评估,揭示其时空演变规律及潜在生态风险。第三方面提出了对珠江口水生态环境的综合认识、主要问题及对策建议,包括第五章以污染水平高、分布范围广、存在潜在风险的营养盐、金属、持久性有机污染物和温室气体为对象,揭示其环境行为和作用机制,最后第六章系统梳理了区域面临的五大问题,并针对性地提出对策建议。

  王圣瑞、林慰、董越、周春羊负责图谱总体设计,并完成了后期校对工作。林慰负责编写第 1.3 节,第二至五章中基础理化指标、持久性有机污染物、水生态历史变化,第六章问题及对策建议,以及各章节总结、认识和建议相关内容,并负责统稿。董越负责编写第二至五章中常规污染物、温室气体排放和水环境健康综合评估内容，提供第 1.3.3 节的数据来源，以及各章节总结、认识和建议相关内容。周春羊负责编写第 1.3 节水质状况部分，以及第二至五章中金属污染物相关内容。黄宇铭、傅致远、温志谦负责编写第二章主要生物类群和第三章咸潮相关内容。范福强负责编写第 1.1 和 1.2 节的区域概况。袁行宇负责编写第五章营养盐相关成果。

本研究是广东省粤港水安全保障联合实验室项目（2020B1212030005）的重要成果，在实验室主任张建云院士指导下开展，由北京师范大学珠海校区、广东省水利水电科学研究院、香港科技大学、香港浸会大学、华测检测认证集团股份有限公司等联合单位共同完成。同时承国家自然科学基金（42207423、42207265、52100208）、广东省基础与应用基础研究基金（2021A1515110806、2020A1515110098）、珠海市基础与应用基础研究基金（2320004002582）、广东省科技计划项目（2023B1212070031）等项目支持。北京师范大学高超，广东省水利水电科学研究院黄本胜、邱静，香港科技大学齐晔、杜迪佳，香港浸会大学陈永勤、李剑锋，华测检测认证集团股份有限公司武广元，珠江水利委员会王丽等专家学者参加了其中部分工作，共同完成专著。此外，郭颖、伍幸期、成祥、郭书雅、王伊丽、纪珺洁、赵军林、孔俏娟、黄慧茹、郭晓龙、马煜、闫彦廷、李长林、洪妍、王启素、刘佳、郑祥旺、胡杰茗、郑佳婷、王宝莹、秦民等为专著提供了帮助，在此一并表示感谢。

由于作者水平有限，疏漏之处在所难免，敬请读者批评指正。

作　者

2025 年 1 月于珠海

目　录
CONTENTS

目 录
CONTENTS

第一章

珠江口区域概况

　　珠江口区域滨江临海，河网密布交错，水系相连相通，在径流、潮汐、季风、沿岸流和南海暖流等综合作用下，形成复杂多变的水环境特征。同时，由于地处粤港澳大湾区腹地，社会经济高度繁荣，人为干扰密集程度高，城市建设、污染排放、航海运输等活动频繁，导致了诸多生态环境问题的产生，给水生态环境造成了较大压力。作为粤港澳大湾区具有重要生态功能的特殊区域，珠江口水生态环境状况与大湾区社会经济和环境健康息息相关，全面了解珠江口区域概况，是进行水生态环境调查和评估的基础，也是总结区域问题、提出对策建议的前提，对保障大湾区建设和实现战略目标具有重要意义。目前对珠江口水生态环境状况缺乏总体性认识，为准确刻画和评估珠江口水生态环境状况，需从自然环境、社会经济和水质状况等方面总结区域特点，厘清影响生态环境健康的关键因子。本章主要介绍珠江口自然环境和地理位置、经济社会特点及区位特征，通过对区域水质和污染源现状调查，总结水生态环境特点，可为全面剖析区域水生态环境问题奠定基础。

1.1　自然环境概况及地理特征

　　粤港澳大湾区具有特殊的生态环境格局特征，其中海湾是湾区的核心组成要素，而河流连接了陆地和海洋，森林、山体、河湖、滨海湿地、海洋、海岛等相互依存，形成"山水林田湖海"一体的景观生态格局。粤港澳大湾区地处珠江流域下游，背靠群山，岛丘错落，地势整体上北高南低，地形相对封闭，属亚热带季风气候，雨量充沛，但年内分布不均。西江、北江、东江三江汇流进入河网区，分虎门、崖门等八大口门出海，其所在珠江河口地区水热配置优越，河网密布，是世界上最复杂的河口之一。

1.1.1　水系特征

　　珠江口位于我国广东省中南部，是珠江三角洲网河和残留河口湾并存的河口（图1.1-1）。珠江三角洲旧称粤江平原，简称"珠三角"，地处北回归线以南，是由珠江三大支流西江、北江、东江等在溺谷湾内合力冲积形成的复合三角洲，也是我国南亚热带最大的冲积平原。珠三角西部及东北部海拔较高，中部西南部海拔较低，受亚热带海洋季风气候较大影响，年降水量在 1800 ~ 2500 mm，丰沛的降雨形成了大湾区密布的河网水系，各类河流 324 条，河道总长 1600 km，河网密度高达 0.83 km/km²，高出全国平均水平 5 倍多（唐亦汉和陈晓宏，2015）。由于地处河流与海洋的交汇地带，潮汐涨落为河口地区带来了丰富的咸淡水资源，既给水环境提供了资源和空间条件，又带来了洪涝潮汐等复杂多样的边界限制。总体上，珠江口区域降水年内分配不均，径流年际变化大，空间分布不均，局部洪涝严重，此外，其密布的河网也导致了独特的潮流 - 河流共同作用的特征，过境水量大，但区域河涌水体交换不畅，水动力严重不足。

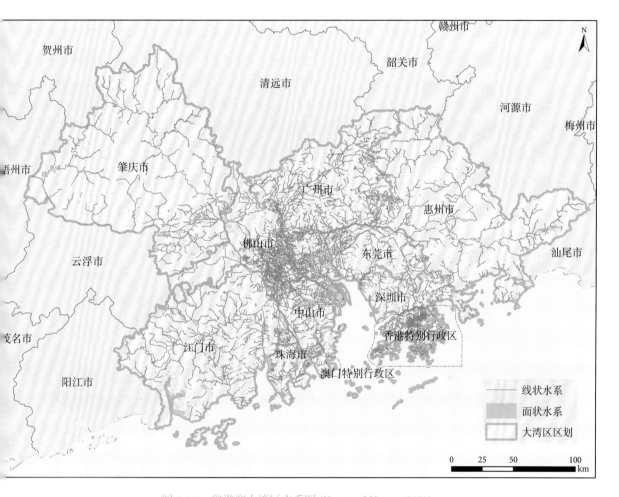

图 1.1-1　粤港澳大湾区水系图 (Yang and Huang, 2021)

1.1.2　地形地貌特征

区域发展与地貌类型有密切关联，而土地利用变化对周边水域水质也具有重要影响。珠江三角洲河口地区以平原为主，总体地势平坦，丘陵、山地、台地错落分布，海拔多在 200 米以下。2022 年粤港澳大湾区土地覆盖数据涵盖农田、森林、灌木、草原、水域、裸地和不透水面共七类地物类型（图 1.1-2），其中水域占 4.4%、植被覆盖率 54.4%、农田占地 28.4%，主要分布在大湾区东部、西北部和西南部，而中部及河口地区建设用地分布较为集中。珠三角缺乏天然湖泊，除河道供水之外，水库供蓄水是调节水资源时空分布的最主要手段，目前珠三角九市已建大中型水库共 137 座（赵孟绪

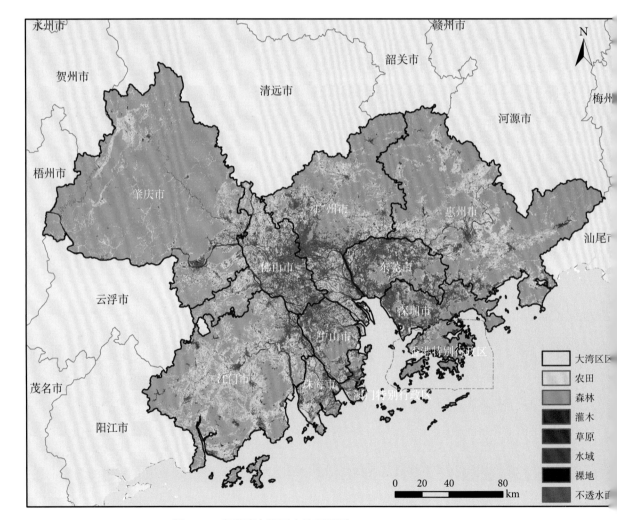

图 1.1-2　粤港澳大湾区土地利用图 (Yang and Huang, 2021)

和肖利娟，2023）。近年来，在粤港澳大湾区快速城市化进程的驱动下，珠江三角洲土地覆盖结构发生较大变化，表现在土地类型结构、土地开发强度、植被覆盖率等方面，其中以广州和佛山的农田面积增加和森林面积减少最为显著。珠江口沿海岸区域具有岬湾众多、岸线曲折、河口海湾发育较好等特点，其中珠江口西侧受近岸流西行影响而发生较大面积沉积，在广海湾至镇海湾一带形成沉积平原。总体上，珠江三角洲区域平缓的地形地貌对交通建设、工业发展、城市化进程等十分有利，这也意味着高强度人类活动对珠江口及邻近海域将造成巨大的生态环境压力。

1.2 经济社会特点及区位特征

从社会经济形态视角看，湾区往往是人类活动和居住的密集区和经济物流发达区，是围绕沿海口岸由江河相连的城市群、经济增长极。珠三角九市所在的粤港澳大湾区是我国三大城市群之一，在"一带一路"倡议和国家"十四五"规划中均有重要的战略地位。这一世界级城市群建设，既是粤港澳区域经济社会文化自身发展的内在需要，也是国家区域发展战略的重要构成与动力支撑点，承载着辐射带动泛珠三角区域合作发展的战略功能，更是国家借助港澳国际窗口构建开放型经济新体制的重要探索。然而，伴随着区域社会经济高速发展，人口急速增加和高强度综合开发对江河湖库生态系统造成破坏和干扰，区域生态环境问题逐渐显现。

1.2.1 国家重大战略规划建设区

粤港澳大湾区地处珠江流域下游，包括香港特别行政区、澳门特别行政区和广东省广州市、深圳市、珠海市、佛山市、惠州市、东莞市、中山市、江门市、肇庆市，总面积5.6万平方千米，经济腹地广阔。泛珠三角区域拥有全国约1/5国土面积和1/3经济总量，是我国开放程度最高、经济活力最强的区域之一（图1.2-1）。作为2019年提出的重大国家战略，粤港澳大湾区目标定位为建设富有活力和国际竞争力的一流湾区和世界级城市群，打造高质量发展的典范（马兴华 等，2023）。建设大湾区，既是新时代推动形成全面开放新格局的新尝试，也是推动"一国两制"事业发展的新实践。

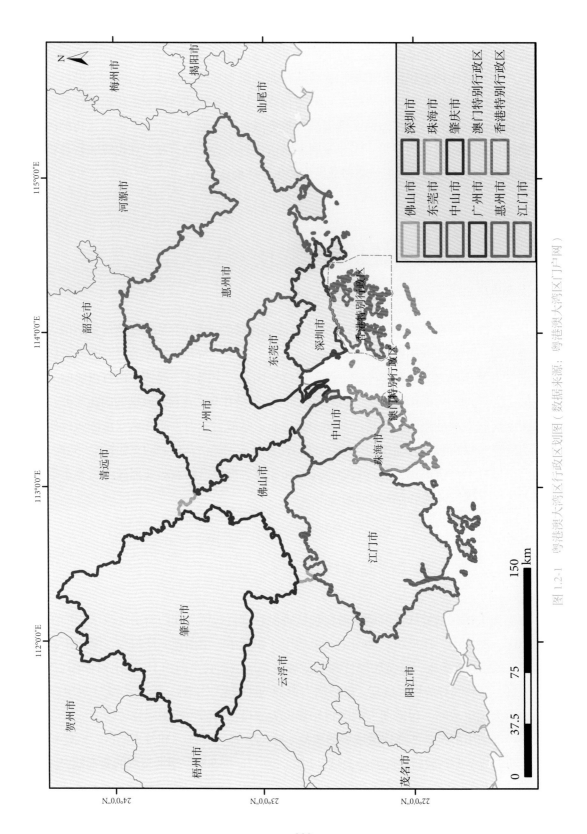

图 1.2-1　粤港澳大湾区行政区划图（数据来源：粤港澳大湾区门户网）

1.2.2　人口聚集且人才队伍强势发展

在 2020 年第七次全国人口普查中，广东省常住人口 1.26 亿人，粤港澳大湾区占广东省总人口的 61.9%，约为 7800 万人（图 1.2-2）。人口分布呈现"中部多，周边少"的现象，中部的深圳、广州、东莞、佛山人口较多。其中广州市人口最多，达 1873.41 万人，澳门人口最少，为 68.5 万人。广东省致力打造大湾区高水平人才高地，广东有普通高校 160 所，其中 28 所高校的 220 个学科入围 ESI 全球排名前 1%、27 个学科入围前 1‰，目前广东研发人员突破 120 万人，位居全国第一。总体上看，广东已初步建成一支素质比较优良、结构相对合理、规模更加宏大、作用日益突出的科技人才队伍。

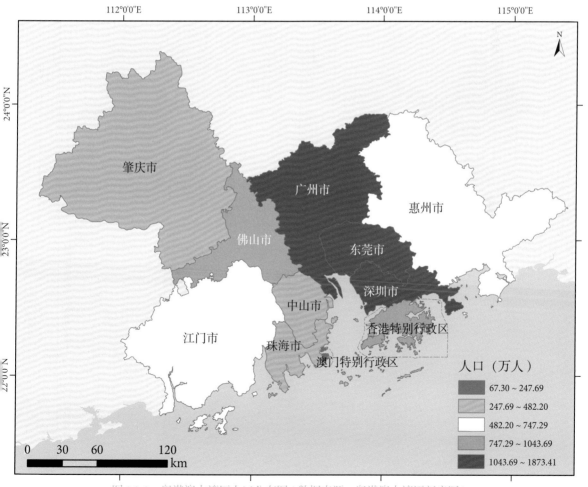

图 1.2-2　粤港澳大湾区人口分布图（数据来源：粤港澳大湾区门户网）

1.2.3　经济高质量发展的先行区

　　粤港澳大湾区建设为粤、港、澳、琼四地经济发展带来了难得的机遇和广阔的平台。作为仅次于纽约湾区的世界第二大湾区，其产业集群效应显著，经济发展水平全国领先，产业体系完备，经济互补性强，香港、澳门服务业高度发达，珠三角九市已初步形成以战略性新兴产业为先导、先进制造业和现代服务业为主体的产业结构，已建立通信电子信息产业、新能源汽车产业、无人机产业、机器人产业以及石油化工等产业集群。2020 年数据显示（图 1.2-3），肇庆市第一产业产值最高，达 437.27 亿元，深圳市第二产业产值最高，达 10 436.24 亿元，广州市第三产业产值最高，达 18 170.63 亿元。总体而言，粤港澳大湾区是我国开放程度最高、经济活力最强的区域之一，是建设世界级城市群和参与全球竞争的重要空间载体，在国家发展大局中具有重要战略地位。

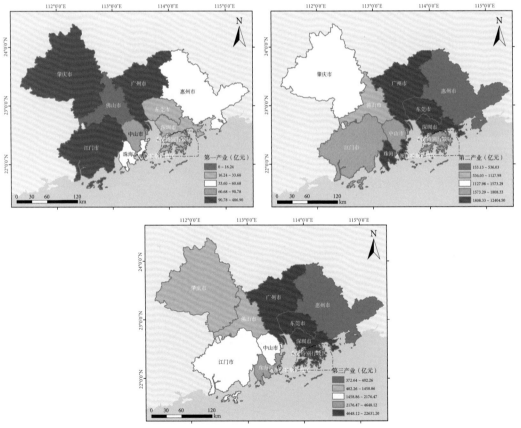

图 1.2-3　粤港澳大湾区产业产值图（数据来源：粤港澳大湾区门户网）

1.3 珠江口水质状况

珠江口毗邻粤港澳大湾区，周边生产企业密集，城镇规模大，各类生产、生活污水排放量高，处理压力大，对珠江口及周边区域水环境质量造成潜在威胁。《2023 年广东省生态环境状况公报》显示，珠江口近海海域海水质量为劣Ⅳ类，这低于我国海水质量的最低标准。珠江口沿岸陆源性排口数量多、排量大、分布密集，对水质具有直接影响。因此，了解区域及周边排口分布、水质状况及来源是进行水生态环境健康评估、解决水生态环境问题的重要前提。

1.3.1 沿岸排口水质状况

由于珠江口毗邻粤港澳大湾区，承接周边城市排海污染，区域生态环境面临巨大压力。2021 年第四季度珠江口周边城市的直排海污染源统计数据显示（图 1.3-1），直排海污水点位主要分布于广州市和东莞市，少量位于珠海市、中山市和深圳市，各个城市均有 1~2 个污水量较大的排放点，排污量达 1000 万吨 / 季度以上。

参照《城镇污水处理厂污染物排放标准》（GB 18918—2002）控制项目，pH 和悬浮物浓度处于标准限值内；化学需氧量、五日生化需氧量和粪大肠杆菌数等指标在大部分排放点均达到一级 A 标准，此外东莞市 1 个排放点的化学需氧量、2 个排放点的五日生化需氧量为一级 B 标准，东莞市 1 个排放点的粪大肠菌群数浓度过高，未达到二级标准。直排污染源的总氮、总磷浓度均未超标，但广州市部分点位总氮及东莞市部分点位总氮和总磷浓度相对较高；珠江口各直排点的氨氮浓度均符合一级 A 标准，除了珠海市位于外伶仃洋海岛的 1 个点位氨氮浓度为 6.04 mg/L，达到一级 B 标准。所有点位石油类污染物的浓度均符合一级 A 标准。

部分一类污染物项目的检测结果显示，珠江口沿岸城市的污水直排点相关指标均远低于最高允许排放浓度，符合排放标准。尽管低于标准限值，但相对而言，东莞市的六价铬、总铬和总砷，珠海市的总铬、总汞和总铅浓度，广州市的总汞、总砷和总铅，以及深圳市的总铬浓度较高。选择控制项目中，总铜浓度远低于标准值，但东莞市有 2 个直排点位的总镍浓度达到标准值（0.05 mg/L），需密切关注。

以城市为单位的 2021 年珠江口沿岸直排海污染源主要环境监测指标统计如图 1.3-2

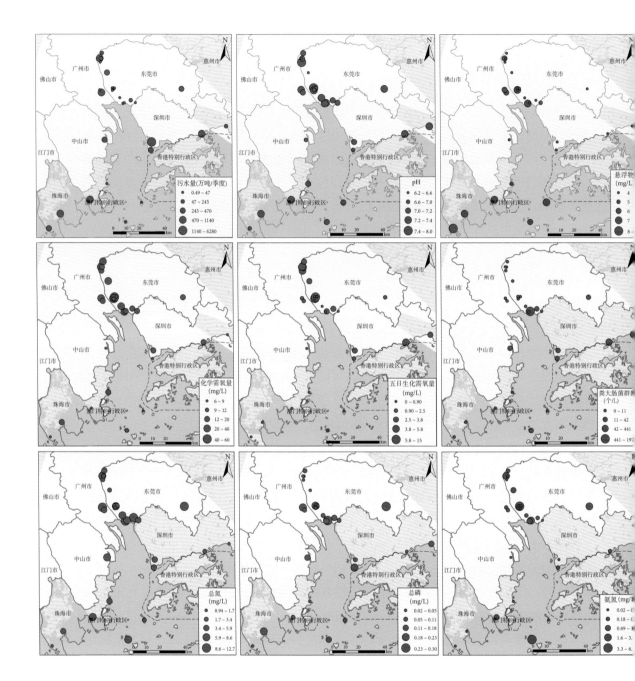

图 1.3-1　珠江口沿岸排口监测指标

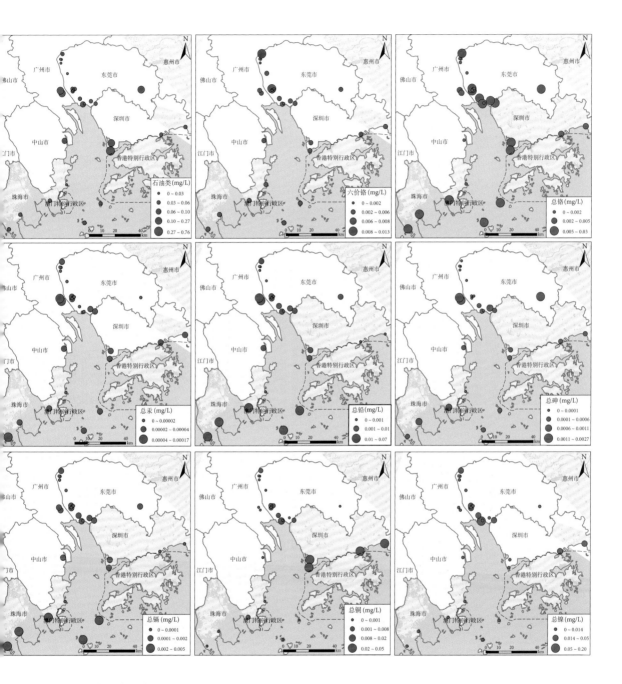

（数据来源：广东省生态环境厅）

所示。深圳排海污水量最大，达 6133 万 ~8629 万立方米 / 季度，其次为东莞市和珠海市，分别为 2723~5291 万立方米 / 季度和 1696 万 ~2158 万立方米 / 季度。参照《城镇污水处理厂污染物排放标准》（GB 18918—2002），基本控制项目中，pH、悬浮物、化学需氧量和五日生化需氧量均符合一级 A 标准，但是，其中广州市和珠海市的悬浮物、中山市第二季度化学需氧量，以及东莞市和深圳市部分季度的五日生化需氧量的浓度相对较高。深圳市和中山市的粪大肠菌群数均达到一级 A 标准，东莞市的第二、四季度达到二级标准，但第三季度未达标，浓度高达 80 013 个 /L。各城市的总氮、总磷和氨氮浓度均符合一级 A 标准，不同季节浓度在一定范围内波动，其中东莞市和珠海市的氨氮浓度比其他城市略高。石油类污染物的浓度符合一级 A 标准，但值得注意的是，广州市和深圳市第四季度的石油类污染物浓度异常升高，分别为 0.220 mg/L 和 0.265 mg/L。

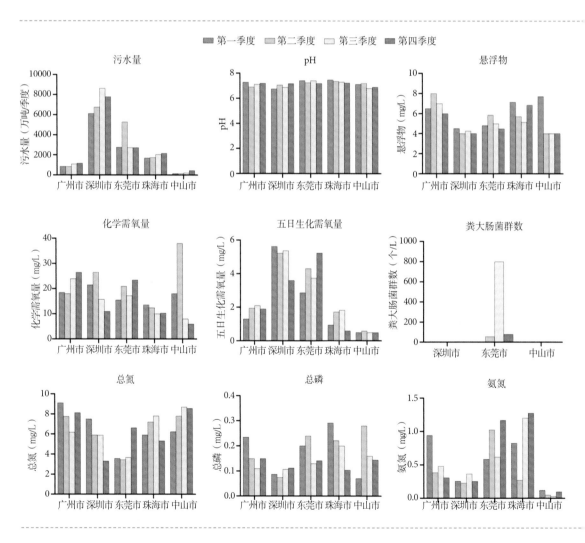

图 1.3-2 珠江口主要城市排口监测指标图

部分一类污染物项目检测结果显示，珠江口沿岸城市的污水直排点相关指标均远低于最高允许排放浓度，符合排放标准。尽管低于标准限值，广州市的总汞，珠海市的总铅、总镉以及第三季度的总汞，中山市第一季度的总汞，东莞市第一季度的总砷浓度，均有异常升高的迹象，这可能与各地区的产业运转周期等因素有关，需进行长期监测分析。选择控制项目中，已有数据的深圳市总铜、总镍浓度均低于标准限值，东莞市的总铜浓度符合标准，但总镍浓度在第四季度等于标准值（0.05 mg/L）。

总体而言，珠江口沿岸城市直排污染源监测指标基本符合一级 A 标准，仅有东莞市的粪大肠菌群数在部分时间段不达标。城市之间对比发现，以制造业为主的城市（东莞市、中山市）部分类型的污染风险相对较高，而以高新技术产业为主的城市（深圳市）大部分直排污染物的浓度相对较低，说明直排污染源与当地产业关系密切，产业

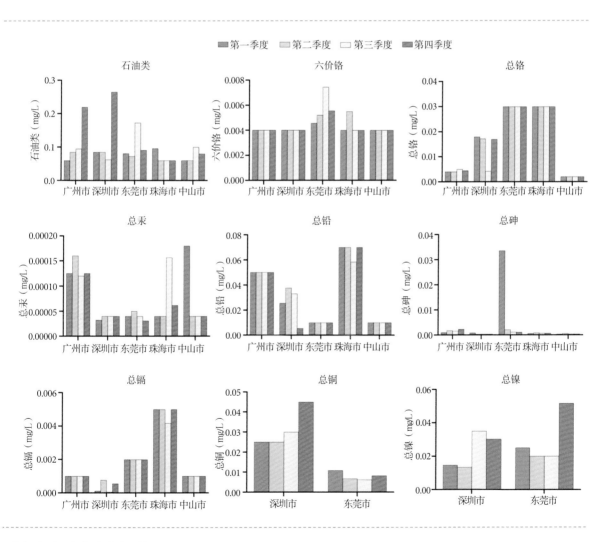

（数据来源：广东省生态环境厅）

的绿色发展是生态环境建设进程中不可忽视的一部分。此外，与汕头港和湛江港相比，珠江港的海水污染程度更深、影响面积更大，连接大湾区主要城市的珠江和深圳河在2017年向邻近海域排放污染物总量达 327.91 万吨，对处于下游水域的中山市、深圳市、珠海市、澳门等地都造成较大影响。

1.3.2　城市污水处理厂及水质监测点位

据广东省生态环境厅、澳门特别行政区环境保护局和香港特别行政区政府渠务署统计数据，珠江口沿岸 8 个城市和地区（广州市、深圳市、珠海市、佛山市、东莞市、中山市、香港特别行政区和澳门特别行政区）共有集中式污水处理厂 436 座，其中国控重点污水处理厂 199 座，密集分布于珠江口沿岸全线（图 1.3-3）。污水处理厂数量依次为东莞（43 座）、佛山（42 座）、广州（32 座）、中山（27 座）、深圳（26 座）、珠海（14 座）、香港（12 座）、澳门（3 座），总体而言，上游数量多于下游、东岸多于西岸，且数量与建成区面积呈正相关关系。

珠江口沿岸城市污水处理厂的总设计排污量为 23 813 421 吨 / 天，其中直排河口的污水量为 4 942 000 吨 / 天。各城市的总设计排污量由大到小依次为：深圳（6 497 100 吨 / 天）、广州（5 974 763 吨 / 天）、东莞（3 250 750 吨 / 天）、佛山（2 874 354 吨 / 天）、香港（2 800 000 吨 / 天）、中山（1 258 154 吨 / 天）、珠海（838 300 吨 / 天）、澳门（320 000 吨 / 天）。2021 年，珠江口接收了高达 554 897 000 吨的直排污水，如果进一步考虑周边城市间接排放入海量，这一数字将高达 6 803 960 000 吨 (Dong et al., 2023)，巨大的污水排放规模对珠江口水质监控提出了极高的要求。

珠江口汇集了西江、北江、东江和众多中小河流，国控监测断面主要位于珠江口北部，具体为广州市、中山市的河流入海口，以及东莞市和广州市的河口中线处，而西部和南部水域暂未设置国控监测断面（图 1.3-4）。珠江口沿岸城市共设置省控水质监测断面 25 个，位于广州、深圳、东莞和佛山，涵盖城市范围极其有限。

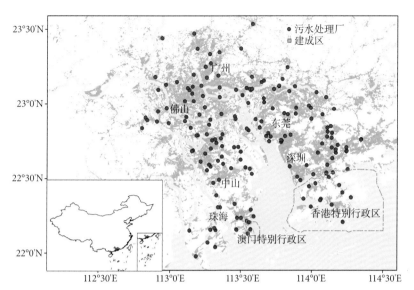

图 1.3-3　珠江口主要城市集中式污水处理厂点位图（数据来源：广东省生态环境厅、澳门特别行政区
环境保护局和香港特别行政区政府渠务署）

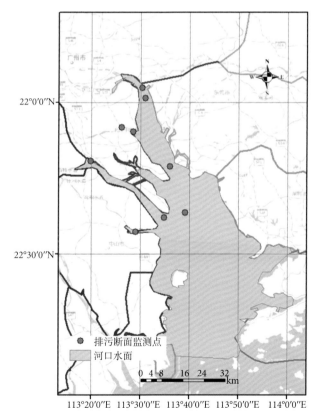

图 1.3-4　珠江口国控断面监测图（数据来源：中国环境监测总站）

1.3.3　珠江口及周边水系水质状况

　　根据《2013~2022 年广东省生态环境质量报告书》以及《2013~2017 年广东省海洋环境状况公报》，珠江口海域长年处于劣Ⅳ类海水水质标准，沿线近岸水域水质较差。主要超标因子为无机氮和活性磷酸盐，珠江口生态系统呈亚健康状态。《2019~2022 年广东省生态环境质量报告书》进一步显示，珠江口海域秋季水质条件普遍优于春、夏季，劣Ⅳ类海水水质占比较低。八大口门数据显示，磨刀门水道水质长年处于Ⅱ类水质标准，水质优良；横门水质质量略有波动，2014 年水质提升为Ⅱ类水质，2015 年由于总磷浓度上升，水质类别由Ⅱ类降至Ⅲ类，2016 年水质再次提升为Ⅱ类水质，至今保持稳定；蕉门与洪奇沥水质在 2013~2017 年常年处于Ⅱ类水质标准，水质优良，但于 2018 年下降并稳定在Ⅲ类；鸡啼门水质于 2017 年由Ⅲ类好转为Ⅱ类，2019 年降为Ⅳ类，2020 年重新升为达标，至今保持稳定；其余口门水质长年处于Ⅲ类水质标准。

　　总体而言，珠江口水体水质长期处于Ⅳ类水质标准，其中无机氮（DIN >0.5 mg/L）和活性磷酸盐（PO_4^{3-}-P>0.045 mg/L）是超标的主要因素。2019 年夏季，无机氮和无机磷浓度分别为 0.168~1.247 mg/L 和 0.011~0.044 mg/L，25% 的监测站处于过度富营养化状态。2015~2020 年间，珠江口的平均盐度分别为 (18.48 ± 8.86) PSU，旱季的最高和最低盐度分别为 32.48 PSU 和 5.47 PSU，雨季的最高和最低盐度分别为 27.99 PSU 和 2.23 PSU(Zhang P et al., 2022)。珠江口水体中 As、Cu、Pb、Hg 和 Zn 浓度总体不高，大部分区域金属浓度均达到或优于Ⅱ类水质标准 (Tang et al., 2023)。2020 年，磨刀门水体中 COD、DIN、S、Hg、Zn、Cd、Cr 和 As 指标甚至达到国家Ⅰ类水质标准，但 PO_4^{3-}-P 超标现象依然严重（覃业曼 等，2021）。在鸡啼门、蕉门、洪奇沥，总氮污染最严重，氨氮和总磷污染相对较轻；COD 和 BOD_5 的浓度均符合其水环境功能区水质控制标准；蕉门、洪奇沥水体中 Hg、Pb、Cu、Zn、Cd、Cr(Ⅵ) 金属元素均在标准范围内，但鸡啼门水体中 Hg 的浓度于 2019 年上升幅度较大（董斯齐 等，2021）。此外，八大口门均受一定程度多环芳烃污染，其中鸡啼门、虎门水体多环芳烃浓度较高，蕉门、磨刀门、虎跳门和崖门次之，洪奇沥和横门相对较低（张菲菲 等，2023）。

1.4　本章小结

珠江口位于广东省中南部，北承珠江，南接南海，水网密布，八口入海，由于受到陆海强相互耦合作用，水生态环境复杂且脆弱。

自然条件方面，发达的水系格局和三角洲地形特征是污染物多方汇聚的基础条件。首先，珠江口地理位置决定了水体温度、光照、降雨、风向、水动力等影响污染物来源和归趋的自然条件因素。其次，珠江口极高的河网密度、临海区位和亚热带海洋季风气候条件以及降水年际变化大的特点导致了洪涝、咸潮入侵等自然灾害频发。再者，珠江流域水量大、地势平坦的特点导致了水动力条件差，水污染物迁移转化受阻，而近岸风向和海流条件则进一步加剧了污染物的汇聚和滞留。

社会经济方面，高速经济发展和密集人为活动加重了珠江口水生态环境压力。珠江口沿岸城镇规模不断扩张造成了各类生产、生活污水排放量剧增，处理压力大，少数区域存在一定程度由点及面的水污染扩散，这在一定程度上使大湾区水污染的治理更加复杂。2023 年广东省生态环境厅发布的《广东省近岸海域监测信息》显示，广州、深圳、江门、东莞很大程度上与该区域的经济和人为活动密切相关。

水质方面，多元化产业格局增加污染复杂性，但相关处理设施相对滞后。珠江口周边产业集群效应显著，产业体系完备，产业类型齐全，不仅有石油化工、装备制造等传统产业，无人机、新能源、现代通信、电子信息等新兴产业也十分发达，多元化产业发展增加了污染物种类和作用关系的复杂性，同时对水环境监测和健康评估体系提出了更高要求。总体而言，独特的自然环境特征、快速的经济发展模式、巨大的污水处理量与落后的管理设施和制度之间的矛盾，是造成珠江口水环境问题的主要成因。

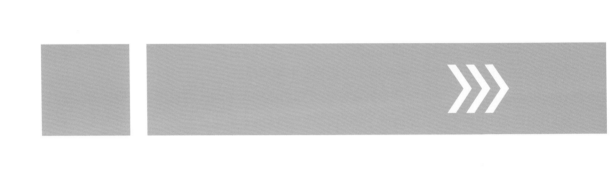

第二章

珠江口水生态环境状况

　　粤港澳大湾区以感潮河流为主，受陆域和海洋动力的共同影响，污染物扩散较为困难，水环境保护治理面临挑战，而水环境污染又与水生态系统健康状况息息相关。目前，珠江口水环境污染问题已引起高度关注，传统污染物和新污染物共存的复合污染严重，环境行为错综复杂，呈现强空间异质性。因此，全面调查区域水生态环境状况，识别重点污染物，是解析污染问题、了解健康状况、提出优化意见和对策的重要前提。本章聚焦水、气、沉积物介质，以水温、pH、盐度等基础理化指标，总氮、总磷等营养盐，铁、锰、锌等溶解态金属，多环芳烃、多氯联苯等持久性有机污染物和 N_2O、CH_4 等温室气体为研究对象，通过便携式传感器走航调查，被动采样装置和气体平衡装置联用采样分析，结合文献数据收集等多种方式，全方位解析珠江口水环境现状。此外，梳理和总结主要生物类群，初步掌握水生态现状底数，为评估区域水生态环境健康状况奠定基础。

2.1 珠江口水环境状况

　　珠江口是一个复合型区域化的河口环境生态系统，具有渔业、矿产、天然气、石油、旅游、湿地多种资源，拥有众多港口（党二莎 等，2019）。然而，《广东省海洋环境质量公报》显示，珠江口是我国近岸海域污染最严重的地区之一，水污染问题尤为明显。此外，新污染物和温室气体问题也逐渐受到科学界高度关注。本研究通过传感器监测、化学分析和仪器测试等方法对基础理化指标、常规污染物、金属、持久性有机污染物和温室气体等进行高分辨率检测，系统、全面了解珠江口水环境状况。

2.1.1 水体基础理化指标

　　自然水体中，基础理化指标如水温、pH、浊度、电导率、盐度等，不仅是水环境质量的重要组成部分，而且对污染物分布、迁移转化、生物效应等有重要影响，进行理化指标监测有助于掌握水质基本状况、预报预警重大水质污染事故以及进行科学高效的水质管控。本研究使用多参数水质监测仪（EXO2; YSI, USA）进行连续走航式监测，历时 5 天（2021 年 10~11 月），覆盖了整个珠江口，获得约 30 000 个监测点位数据，指标包括温度、pH、电导率、盐度、溶解氧、总溶解性固体、叶绿素 a 和藻蓝素等，采样位置通过 GPS 记录，并使用克里金插值法进行理化指标空间分布图绘制。

　　水温是太阳辐射、长波有效辐射、水面与大气的热量交换、水面蒸发、水体水力因素及地质地貌特征、补给水源等因素综合作用的热效应，可以影响水体细菌生长繁殖和水自然净化作用。珠江口表层水温范围在 23.25~27.80℃，呈现"南高北低""东高西低"的分布特征，水温较高区域位于伶仃洋近深圳、香港水域，较低区域主要位于虎门、珠海市和澳门特别行政区附近（图 2.1-1）。河口水温除了与日照和气温有关之外，还受到潮汐和径流等影响（夏维和周争桥，2021）。枯水期径流较弱，外海入侵水体水温较高（黄彬彬 等，2019），而珠江口表层水为逆时针方向运动，因此东面水域受外海温度较高水流的作用更为明显，水温升高。

　　pH 是地表水水质参数之一，其变化会影响水生生物，尤其是藻类对氧气的摄入能力及对食物的摄取敏感度，进而影响水生生物代谢。珠江口表层水 pH 范围为 7.21~8.13，呈弱碱性，上游珠江广州段 pH 较低，沿内河至近海方向逐渐升高，最高值处于伶仃洋珠海附近海域（图 2.1-2）。由于海水 pH 范围为 7.5~8.5，河水为 6.5~8.5，因此该河口区属河口海域型。与我国其他河口相比，珠江口表层水 pH 高于长江口（6.28~7.90），低于黄河口（8.2~8.4）（彭云辉 等，1991）。

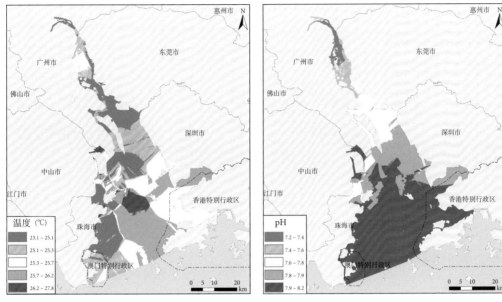

图 2.1-1　珠江口表层水温分布图　　　　　图 2.1-2　珠江口表层水 pH 分布图

　　盐度是海水最重要的理化特性之一，受到沿岸径流量、降水及海面蒸发等因素影响，其变化也对其他水文要素有制约作用。绝对盐度指海水中溶解物质质量与海水质量的比值，由于绝对盐度无法直接测定，因此在实际测量中使用相对盐度代替。珠江口表层水盐度范围 0~37.02 PSU，空间变化较大（图 2.1-3），从珠江广州段上游至外伶仃洋逐渐升高，区域整体呈现"东高西低"分布特征；东岸的深圳市、香港特别行政区附近海域盐度高达 37.02 PSU，与海水盐度基本一致。由于沿岸海流为逆时针流动，东面水体受入侵海水影响较大，盐度显著高于西面水体。珠江口表层水盐度的极大的空间差异导致了部分对盐度敏感的水生生物（尤其是微生物）的群落空间差异显著，进而间接影响了污染物在不同区域的生物降解速率和浓度分布。

　　水体电导率是指水溶液的导电性，与其所含电解质的量相关，体现了水体中总离子浓度，包含了各种化学物质、金属、杂质等各种导电性物质总量。在一定浓度范围内，离子浓度越大，所带电荷越多，电导率也就越大。因此，该指标可间接推测水体中离子的总浓度或含盐量（梁志和王肇鼎，1983）。珠江口表层水电导率变化较大，从珠江广州段上游至外伶仃洋呈现从低到高的变化趋势，内、外伶仃洋呈现"东高西低"分布特征，东岸深圳市、香港特别行政区附近海域电导率较高，达 55 810 S/cm（图 2.1-4）。

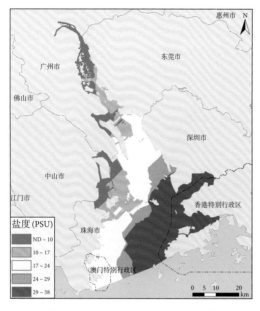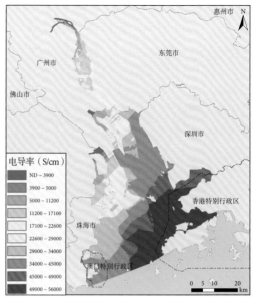

图 2.1-3　珠江口表层水盐度分布图　　　　　　图 2.1-4　珠江口表层电导率分布图

从空间分布来看，电导率的分布和变化趋势与珠江口水体盐度高度一致（图 2.1-3）。

溶解氧（dissolved oxygen，DO）是地表水水质常数之一，水体受有机物和还原性物质污染可导致溶解氧降低，对水生生物生存产生不利影响，当溶解氧浓度低于 4 mg/L 时可引起部分鱼类窒息死亡。因此，溶解氧可有效反映水体受污染程度。珠江口表层水溶解氧浓度为 4.44~8.44 mg/L，总体呈现"北低南高"的分布特征（图 2.1-5）。内伶仃洋和外伶仃洋区域，水质优于《海水水质标准》（GB 3097—1997）中规定的 I 类标准；上游珠江广州段溶解氧浓度最低，水质劣于《地表水环境质量标准》（GB 3838—2002）中规定的 III 类标准。多年来，珠江口溶解氧浓度波动较大，部分区域存在缺氧情况，主要是因为大湾区生活污水中有机物耗氧量增加导致径流水体溶解氧浓度降低，进而影响河口溶解氧浓度分布（汪斌 等，2016；潘澎和赖子尼，2016）。

总溶解性固体（total dissolved solid，TDS）是衡量液体中以分子、电离或微粒（胶体溶胶）悬浮形式存在的所有无机和有机物质的溶解组合含量的量度。珠江口表层水总溶解性固体浓度范围变化较大，总体呈现"南高北低""东高西低"的趋势。上游广州段及西岸附近海域浓度较低，东岸深圳、香港附近海域浓度较高（图 2.1-6）。一般而言，TDS 与电导率和盐度呈正相关，与本研究一致（图 2.1-3 和图 2.1-4）。

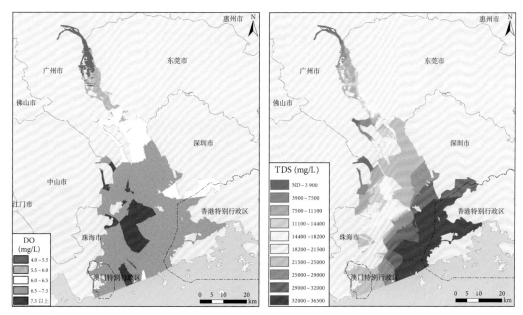

图 2.1-5 珠江口表层水溶解氧分布图　　　图 2.1-6 珠江口表层水总溶解性固体分布图

　　水体富营养化最直观的表现是水体中藻类大量繁殖，而所有藻类都含有叶绿素 a（chlorophyll-a，Chl-a）。因此，通过对 Chl-a 含量测定可间接估算水体藻类数量。珠江口表层水 Chl-a 浓度为 0~12.17 μg/L，空间分布不均（图 2.1-7）。上游广州段至虎门、伶仃洋东侧的深圳市、香港附近浓度较高，而蕉门、中山市附近海域、外伶仃洋部分区域浓度较低。依据美国国家河口普查（NOAA，1985）中对河口富营养化状态的定义［Chl-a>60 μg/L 为过度富营养；20 μg/L<Chl-a<60 μg/L 为高度富营养；5 μg/L<Chl-a<20 μg/L 为中度富营养；Chl-a<5 μg/L 为贫营养 (Bricker et al., 2003)］，珠江口整体呈现贫营养 - 中度富营养。然而，浮游植物的生长受到多种因素影响，包括营养盐、光照、水温、海洋动力过程等 (施玉珍 等，2019)。珠江口海域水域面积大、径流输入口门多、水动力情况复杂等因素导致不同季节影响浮游植物生长繁殖的主导因素有所不同。因此，Chl-a 浓度分布受多种因素共同影响。

　　藻蓝素是蓝藻的标志性色素，一定程度上反映区域水体富营养化程度（徐升等，2016)。珠江口表层水藻蓝素浓度为 1.98~11.27 RFU，空间分布不均（图 2.1-8），总体分布趋势与叶绿素 a 相似（图 2.1-7）。上游广州段至虎门、伶仃洋东侧的深圳市、香港附近浓度较高，而蕉门、中山市附近海域、外伶仃洋部分区域出现低值。

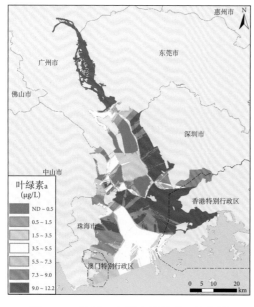

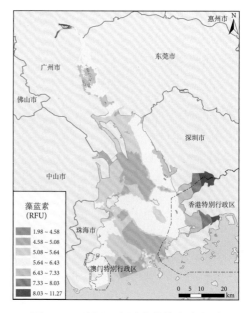

图 2.1-7　珠江口表层水叶绿素 a 分布图　　　　图 2.1-8　珠江口表层水藻蓝素分布图

　　总体上，珠江口表层水的温度、pH、盐度、电导率、溶解氧、TDS 等指标呈现沿内河向近海方向升高的趋势。其中，温度、盐度、电导率、总溶解性固体空间浓度分布趋势较相似，河口区呈现"西低东高"，即中山市、珠海市和澳门附近海域较低，东莞市、深圳市和香港附近较高，与径流输入和潮流运动密切相关。

2.1.2　水体营养盐

　　珠江口地区河网复杂，水动力不足，富营养化和缺氧等水环境问题时常发生 (Lin et al., 2016; Qian et al., 2018)。本研究通过现场采样和实验室分析，探究珠江口营养盐浓度水平及空间分布特征。水样在现场过 0.45 μm 聚醚砜（polyether sulfone，PES）滤膜，收集滤液于塑料采样瓶，加入硫酸（H_2SO_4）调整 pH 小于 2，随后冷藏运输进行实验室分析。铵态氮（NH_4^+-N，氨氮）和硝态氮（NO_3^--N）浓度分别采用次溴酸盐氧化法和紫外光谱法测定；溶解性有机碳（dissolved organic carbon，DOC）浓度采用高温催化氧化法和 TOC 分析仪（日本 Shimadzu TOC-5000）测定；总磷（total phosphorus，TP）浓度使用紫外 - 可见光谱法（Agilent 1200）和标准钼蓝法测定；总氮（total nitrogen，TN）浓度采用碱性过硫酸钾消解 - 紫外分光光度法测定；化学需氧量（chemical oxygen demand，COD_{Mn}）采用酸性高锰酸钾滴定法测定。

结果显示，2021 年 10~11 月珠江口水体总氮浓度总体呈现"南北高东西低""中心高两边低"的分布特征，最高值出现在珠江广州段，达到 6.1 mg/L，劣于地表水 V 类标准；香港附近海域也出现浓度高点（图 2.1-9），与文献报道一致 (Lin et al., 2016)。1984 年 1 月虎门总溶解性无机氮（dissolved inorganic nitrogen，DIN）浓度为 1.3 mg/L（林植青 等，1985）；2005 年 1 月上升至 11.9~14.1 mg/L (Dai et al., 2008)；同年 7 月，虎门和蕉门浓度范围为 2.1~5.3 mg/L (Dai et al., 2008)。可见珠江口上游水体氮污染较严重。

珠江口总磷浓度由上游向下游方向逐步降低，最高值出现在珠江广州段，达 0.317 mg/L，劣于地表水 IV 类标准；外伶仃洋近珠海、澳门、深圳、香港水域平均总磷浓度较低（图 2.1-10）。据调查，2003~2008 年珠江口活性磷酸盐（PO_4^{3-}-P）在虎门上游平均浓度达到 0.032 mg/L，随径流方向逐渐上升，在虎门处达到最高值 0.070 mg/L，随后逐渐下降，在伶仃洋浓度为 0.037 mg/L(姜胜，2006)。大部分点位 PO_4^{3-}-P 含量高于 II 类海水水质标准（0.030 mg/L），且周年变动模式呈现出明显的单峰型，即秋季高，春夏季低。由此可见，TP 浓度较历史值上升，尤其是上游至虎门段浓度较高。

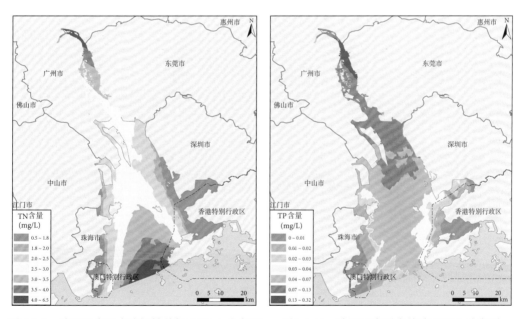

图 2.1-9 珠江口表层水溶解性总氮（TN）分布图　　图 2.1-10 珠江口表层水总磷（TP）分布图

珠江口 DOC 浓度随水体盐度梯度上升而下降，浓度变化范围为 1.2~2.9 mg/L，最高值出现在珠江口广州段，达到 2.9 mg/L，最低值 1.2 mg/L 位于香港近岸水域（图 2.1-11）。本研究结果与 2000~2008 年报道的 4.8 mg/L 相比，DOC 浓度有所降低，但空间分布规律一致，即上游高，下游低 (He et al., 2014)，推测海水掺混稀释作用对河口 DOC 分布起到关键作用。而与珠江口纬度及气候条件相近的福建九龙江河口 2019~2020 年 DOC 浓度范围为 1.7~5.4 mg/L(Li et al., 2022)，略高于珠江口。

珠江口 COD_{Mn} 浓度呈现"近岸高、中心低"的分布特征，浓度高值出现在珠江广州段以及珠海、澳门、深圳、香港近岸水体，最高值达到 2.6 mg/L；浓度低值位于外伶仃洋中心水域（图 2.1-12），由此推测 COD_{Mn} 的排放与分布受近岸人为活动影响较大。研究报道，2016 年 7~9 月珠江口中下游 COD_{Mn} 的浓度变化范围为 1.28~9.05 mg/L，其中深圳附近水域 COD_{Mn} 浓度较高（党二莎 等，2019）。不同时期（1986 年、1990 年、1995 年、2002 年、2010 年和 2015 年）珠江口 COD_{Mn} 平均浓度分别为 0.88 mg/L、0.96 mg/L、0.99 mg/L、1.70 mg/L、1.56 mg/L 和 1.66 mg/L（何桂芳 等，2004），总体呈持续升高趋势，但都基本满足Ⅲ类海水要求。与国内其他河口相比，天津近岸海域（2013 年）、钦州湾（2016 年）、广西北海市（2016 年）、广西防城港市（2016 年）和广西涠洲岛（2016 年）附近水域 COD_{Mn} 浓度分别为 1.95 mg/L、1.47 mg/L、1.09 mg/L、1.29 mg/L 和 0.76 mg/L，均低于珠江口 COD_{Mn} 浓度（吴建平，2017; 梁鑫和彭在清，2018; 褚帆 等，2015），即珠江口水体 COD_{Mn} 浓度较高，主要是受污水的影响。

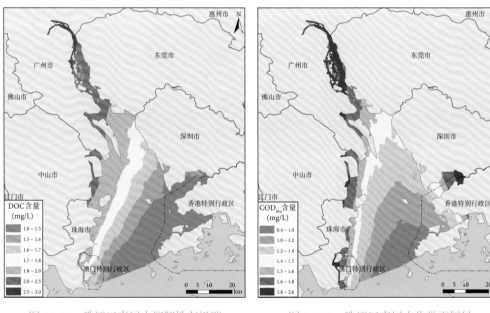

图 2.1-11　珠江口表层水溶解性有机碳（DOC）分布图　　　　图 2.1-12　珠江口表层水化学需氧量（COD_{Mn}）分布图

氨氮（NH_4^+-N）浓度最高值（2.61 mg/L）位于珠江上游广州段，直接受污水排放等影响；同时，近深圳水域也出现了氨氮浓度较高值（图 2.1-13）。随着径流入海，NH_4^+-N 浓度逐渐降低，但最低值仍劣于Ⅳ类海水总无机氮（DIN）浓度限值（0.5 mg/L），因此，珠江口 NH_4^+-N 超标严重。研究报道，2003 年珠江口 NH_4^+-N 浓度变化范围较大（0.002~2.46 mg/L），均值 0.34 mg/L（姜胜，2006）；2003~2008 年 NH_4^+-N 浓度年平均值变化范围为 0.22~0.62 mg/L，虎门上游浓度始终最高（姜胜，2006）。2007~2011 年 NH_4^+-N 浓度变化范围为 0~6.3 mg/L，最高值出现在 2007 年 4 月虎门上游，并随着径流入海呈下降趋势 (Lin et al., 2016)。2021 年珠江口 NH_4^+-N 浓度变化范围为 0.34~4.89 mg/L，浓度最高点则位于万山群岛附近 (Chen et al., 2024)。总体来看，NH_4^+-N 年际波动较大，而研究期下游的污染较往年更为严重。

珠江口硝态氮（NO_3^--N）浓度最高值位于珠江广州段，达到 3.44 mg/L，往入海方向浓度逐渐降低（图 2.1-14），与盐度分布趋势相反（图 2.1-3）。本研究结果显示，河口上游地带 DIN 主要形式为 NO_3^--N，这与 2007 年调查的虎门上游 NH_4^+-N 是 DIN 的主要存在形式（约占 80%）相关结论不同 (Lin et al., 2016)，反映了近年来珠江口 DIN 组成存在较大变化。2016 年调查结果显示 NO_3^--N 平均浓度为 1.23 mg/L（党二莎 等，2019），低于本次研究调查值，但是高于 2021 年其他研究调查值（万山群岛上游平均浓度为 0.86 mg/L）(Chen et al., 2024)，且高于国内其他河口 NO_3^--N 水平，如天津近岸海域（0.54 mg/L，2013 年）和北戴河（0.007 mg//L，2011 年）（张万磊 等，2014; 褚帆 等，2015）。可见，珠江口 NO_3^--N 浓度相对较高。

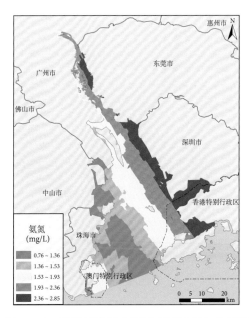 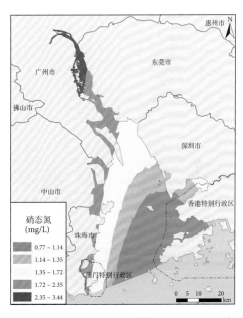

图 2.1-13 珠江口表层水氨氮（NH_4^+-N）分布图　图 2.1-14 珠江口表层水硝态氮（NO_3^--N）分布图

总体上，珠江口营养盐浓度呈现"上游高、下游低"的分布特征，上游广州段污染现象明显，污水收集和处理能力不足，需进一步提升；在河口横截面，营养盐浓度受人为源排放、海水物理混合等条件共同影响，呈现出一定的分布差异。2022 年广东省生态环境报告显示，广东省内劣IV类海水面积占比 6.2%，主要分布在珠江口等地，主要超标因子为无机氮和活性磷酸盐，这与本研究调查结果相符合。

2.1.3 水体溶解态金属

受人类活动输入和河口水文过程影响，珠江口水体溶解态金属呈现显著空间异质性。本小节聚焦水体中铁（Fe）、锰（Mn）、锌（Zn）、镉（Cd）、铜（Cu）五种金属元素，以 Sc、In 为内标，经稀释后采用电感耦合等离子体质谱法（ICP-MS）测定。数据相对标准偏差均低于 5.0%，加标回收率在 87.6%~119.0% 范围内。

珠江口表层水 Fe 浓度范围为 17~99 μg/L，平均浓度为 49.24 μg/L，由北向南浓度逐渐降低，其中上游广州段 Fe 浓度最高，内伶仃岛附近也出现 Fe 浓度高值（图 2.1-15），说明人类活动输入显著影响河口 Fe 空间分布。珠江口周边铁矿石相关产业的污水排放是 Fe 的重要来源之一（刘铁庚 等，2010），除此之外，由于地壳中 Fe 含量较高，沉积物也贮存大量 Fe 元素，河口区域丰富的有机质会促进沉积物早期成岩过程，加快沉积物有机质矿化，进而导致溶解态 Fe 的释放，因此，内源释放也是水体 Fe 的重要来源。

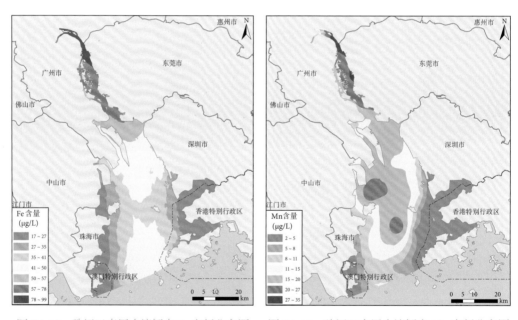

图 2.1-15　珠江口表层水溶解态 Fe 空间分布图　　图 2.1-16　珠江口表层水溶解态 Mn 空间分布图

珠江口表层水 Mn 浓度范围为 1.0~34 μg/L，平均浓度 9.53 μg/L，由北向南逐渐降低，其中珠江广州段和澳门附近浓度最高，河口东南部水域浓度较低，可见 Mn 主要来源于人类活动排放，并受到海水稀释作用（图 2.1-16）。而 2009 年研究显示，珠海 - 澳门附近水域 Mn 浓度水平较低（梁国玲 等，2009），说明近十年该地区 Mn 排放量迅速增加，可能与渔业养殖等快速发展有关（莫自兴，2010）。

　　珠江口表层水 Zn 浓度范围为 6.0~20 µg/L，平均浓度为 3.38 µg/L，由西北向东南逐渐降低，虎门、蕉门、洪奇沥和横门四大口门及珠江口西部水域浓度较高（图 2.1-17）。2013 年也有研究发现了珠江口 Zn 浓度的空间分布不均现象，证明了西部水域浓度普遍高于东部水域，与本研究结果一致（张亚南 等，2013）。珠江口表层水 Zn 主要来自多种源的混合，其中碳酸盐风化为主要贡献源，人为源次之（王中伟，2019）。

　　珠江口表层水 Cd 浓度范围为 0.02~0.11 µg/L，平均浓度为 0.07 µg/L，整体上由北向南浓度下降，由东向西浓度上升，在虎门、蕉门、洪奇沥和横门四大口门处浓度较高，内伶仃岛附近出现浓度热点（图 2.1-18）。这种明显的空间分布不均特征是多种因素共同作用的结果，包括工业排放、城市污水、地表径流以及河口搬运等。在口门处，水动力条件快速变化使得污染物空间分布异质性增强（Yu, 2019）；伶仃岛附近的浓度热点则可能与当地人为活动、特定地质结构、潮汐运动等因素有关。此外，Cd 分布趋势与 Fe 高度相似（图 2.1-15），表明 Cd 和 Fe 来源可能具有一致性。

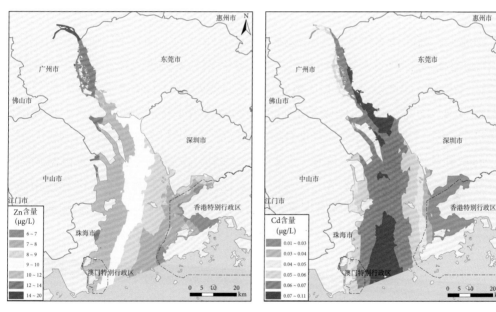

图 2.1-17　珠江口表层水溶解态 Zn 空间分布图　　图 2.1-18　珠江口表层水溶解态 Cd 空间分布图

　　珠江口表层水 Cu 浓度范围为 2.1~6.9 µg/L，平均浓度为 3.38 µg/L，分布呈现"河口两岸高、中心低"的特征，其中深圳、珠海和澳门沿岸浓度最高，而通过珠江上游汇入河口的 Cu 贡献较低（图 2.1-19）。与本研究不同的是，有报道称珠江口 Cu 浓度呈现"西部水域高、东部水域低"的特征，可能是 Cu 来源在两次调查期间出现了明显变化所致（付涛 等，2022）；此外，Cu 浓度与季节也存在密切关系（张亚南，2013），且 Cu 分布与其他金属显著不同，说明其来源具有特殊性。

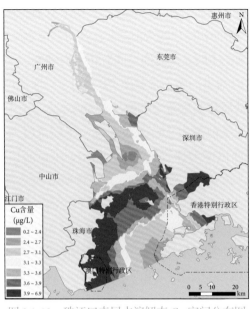

图 2.1-19　珠江口表层水溶解态 Cu 空间分布图

　　总体上，珠江口水体溶解态金属浓度空间分布不均，部分金属在河口两岸和内伶仃岛浓度较高，说明人类活动和污水排放是金属污染物进入珠江口的主要途径。此外，大部分金属浓度分布与 Fe 和 Mn 相关，说明河口金属迁移过程可能受这两种元素影响。同时，长江口和珠江口同为受污水排放干扰强烈的河口区，但环境监测重点关注的污染物有所不同：珠江河口周边污染源主要包括工业和生活污水排放、海水养殖污染、地表径流等（许振成，2003），主要受有机物、无机氮和活性磷酸盐等物质影响（党二莎 等，2019）；而长江口主要污染源是以水产养殖和陆地种植为主的农业活动，以及以沿岸燃煤、有色金属冶炼、电子制造及船舶航行等为主的工业活动，因此 Hg、Zn 和 Pb 等金属浓度较高（胡阳，2021）。

2.1.4　水体持久性有机污染物

　　持久性有机污染物是指人类合成的能持久存在于环境中、通过生物食物链（网）累积并对人类健康造成有害影响的化学物质。本研究以 16 种美国环保署（Environmental Protection Agency，EPA）优先控制的多环芳烃（polycyclic aromatic hydrocarbons，PAHs）、9 种多氯联苯（polychlorinated biphenyls，PCBs）和 10 种全氟化合物（perfluorochemical substances，PFCs）为代表，探究其在珠江口的浓度和分布特征。固相微萃取是一种集采样、萃取、浓缩、进样于一体的样品前处理技术，具有操作简单、溶剂用量少、灵敏度高等特点，被广泛应用于环境水体中的有机污染物分析 (Lin et al., 2023; Ouyang et al., 2009)。通过固相微萃取技术对表层水的有机污染物分离和富集后，多环芳烃和多氯联苯的定量分析使用气相色谱 - 质谱联用仪（Agilent 8890-5977B）；全氟化合物测定则使用液相色谱 - 质谱仪（Agilent 1100）。

多环芳烃是指两个以上苯环以稠环形式相连的化合物，是目前水环境中普遍存在的一类持久性有机污染物。此类化合物对生物及人类的毒害主要是参与有机体的代谢作用，具有致癌、致畸、致突变和生物难降解的特性。目前已知的多环芳烃超过 200 种，美国环保署将其中 16 种最常见的多环芳烃列出并进行管制，分别是：萘（naphthalene）、苊烯（acenaphthylene）、苊（acenaphthene）、芴（fluorene）、菲（phenanthrene）、蒽（anthracene）、荧蒽（fluoranthene）、芘（pyrene）、苯并 [a] 蒽（benzo(a)anthracene）、䓛（chrysene）、苯并 [b] 荧蒽（benzo(b)fluoranthene）、苯并 [k] 荧蒽（benzo(k)fluoranthene）、苯并 [a] 芘（benzo(a)pyrene）、二苯并 [a,h] 蒽（dibenzo(a,h)anthracene）、苯并 [g,h,i] 苝（benzo(g,h,i)perylene）和茚并 [1,2,3-cd] 芘（indeno(1,2,3-cd)pyrene）。

珠江口表层水 16 种常见多环芳烃浓度范围为 0~19 634 ng/L，空间分布不均（图 2.1-20），过半区域超过水环境本底值（淡水湖泊中 PAHs 的本底值为 10~25 ng/L）（杜威宁，2022）。在蕉门、洪奇沥、横门和虎门西边以及深圳附近海域浓度较高，在伶仃洋中部香港附近出现浓度热点。其分布特征一方面与多环芳烃的陆源性排放特征有关。通过对特定化合物的比值计算（荧蒽/（荧蒽 + 芘））确定多环芳烃的可能来源，结果显示石油及精炼产品来源占比高达 81%，说明了工业活动、汽车尾气、大气沉积和煤炭燃烧是珠江口多环芳烃污染来源主要的贡献者 (Li et al., 2011)。另一方面与河口地势及洋流运动有关，水流围绕伶仃洋中部地势较高处呈逆时针运动，造成污染物浓度稀释，因此呈现出河口中部的浓度热点 (Lin et al., 2023)。

多氯联苯是一类有机化合物，按氯原子数或氯的百分含量分别加以标号。多氯联苯用途广，可作绝缘油、热载体和润滑油等，还可作为许多种工业产品，如各种树脂、橡胶、黏结剂、涂料、复写纸、陶釉、防火剂、农药延效剂、染料分散剂等的添加剂。2017 年 10 月 27 日，世界卫生组织国际癌症研究机构公布的致癌物清单初步整理参考，将多氯联苯列入 I 类致癌物清单。目前许多河流和建筑物，包括学校、公园和其他场所，以及食品供应都受到多氯联苯污染，对自然环境和人体健康产生很大威胁。

珠江口表层水 9 种多氯联苯（PCB-1，PCB-3，PCB-9，PCB-11，PCB-18，PCB-77，PCB-136，PCB-194，PCB-209）总浓度范围为 0~1297ng/L，总体呈现"东高西低"的趋势和典型陆源性特征（图 2.1-21）。深圳、香港附近水域浓度最高，澳门附近水域浓度次之。许多研究表明，珠江口水生生物受到多氯联苯污染的影响，珠江口雄性座头鲸体内多氯联苯的年累计量达 (0.29 ± 0.07) mg/kg 脂质 (Guo et al., 2021)。由于多氯联苯难以代谢，在生物体中具有较长的半衰期（28~60 天），且可通过食物链累积和传递，珠江口水体多氯联苯污染对水生生物的毒性效应、种群密度以及生态系统健康造成了不可忽视的影响 (Lin et al., 2024；杜威宁，2022)。

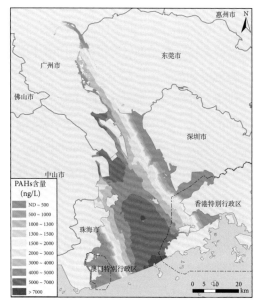

图 2.1-20　珠江口表层水多环芳烃
（PAHs）分布图

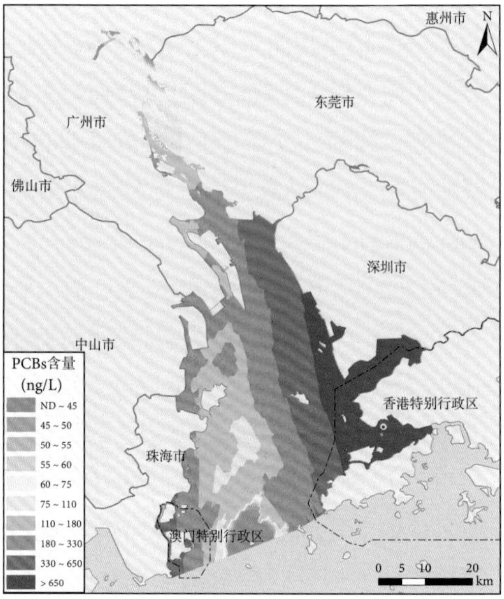

图 2.1-21　珠江口表层水多氯联苯
（PCBs）分布图

　　全氟化合物是一系列非天然人工合成有机化合物，主要由碳原子和氟原子构成，不但具有亲水性功能团及疏水性烷基侧链，还具备耐火性、高稳定性和持久性，在半导体制造领域，主要是在化学气相沉积工序中作为清洁气体使用和在干法刻蚀工序中作为工艺气体使用。由于能破坏地球臭氧层，产生温室效应，全氟化合物已经被列为减少排出对象。此外，全氟化合物不易分解，具有生物累积性、生殖毒性、诱变毒性、发育毒性、神经毒性、免疫毒性等，是一类对动物全身多脏器具有毒性的环境污染物。最受关注的全氟化合物主要包括全氟烷基羧酸类化合物及全氟烷基磺酸类化合物两类。

　　本研究对 10 种代表性全氟化合物进行检测（九氟戊酸、十一氟己酸、全氟辛酸、全氟壬酸、全氟癸酸、全氟十一烷酸、全氟十二烷酸、全氟 -1- 丁烷磺酸、全氟己基磺酸和全氟辛基磺酸），结果表明，珠江口表层水中全氟化合物浓度范围为 0~127 ng/L，呈"中间高，东西低"分布特征（图 2.1-22）。从上游至伶仃洋浓度变化不明显，洪奇沥和横门出海口处出现浓度高点；而东边的深圳市、香港和西边的澳门附近海域未检出。从组成成分来看，不同水域有显著差异：上游九氟戊酸、全氟壬酸、全氟十一烷酸、全氟十二烷酸、全氟己基磺酸和全氟辛基磺酸占比较高；西面水域十一氟己酸和全氟 -1- 丁烷磺酸贡献更大。此外，短链全氟化合物比长链化合物浓度更高。

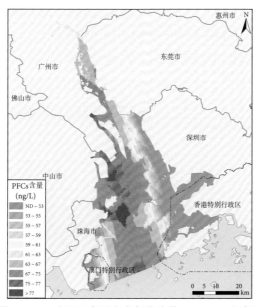

图 2.1-22　珠江口表层水全氟化合物（PFCs）分布图

　　总体而言，多环芳烃浓度热点主要位于口门附近和伶仃洋中部，可能与周围城市群分布密切相关，同时受海水稀释作用的影响。多氯联苯高浓度区域位于珠江口东、西面沿岸水域，这与附近城市发达的交通有密切关系。全氟化合物浓度则与广州市、佛山市、中山市、珠海市大量的半导体产业有关。由此可见，珠江口持久性有机污染物与人为活动密切相关，污染程度较高，对区域水生态环境的影响不容忽视。

2.1.5　沉积物总有机碳和金属

　　沉积物作为污染物环境地球化学过程重要的归趋场所，其环境质量可有效指示生态系统健康程度，同时由于其"记忆效应"，利用沉积物中污染物随深度的变化可以有效反演生态系统长时间尺度的环境变化。因此，对珠江口表层沉积物中金属的空间分布特征及其影响因素进行深入研究对于理解该地区沉积物污染状况和环境质量变化具有重要意义。沉积物总有机碳（total organic carbon，TOC）含量测定是先将样品酸化处理，再采用高温氧化法结合非色散红外法测定 CO_2，最后进行计算定量；沉积物中金属含量测定首先采用微波消解法进行沉积物预处理，再将消解液定容稀释后用 ICP-MS 测定其中 Fe、Mn、Co、Cd、As、Cu、Cr、Pb、Ni、Sb 含量。

　　珠江口表层沉积物 TOC、Fe 和 Mn 浓度由北向南逐渐降低（图 2.1-23 至图 2.1-25）。TOC、Fe 和 Mn 浓 度 范 围 分 别 为 0.56%~1.7%，25.4×10^3~52.6×10^3 mg/kg，430~750 mg/kg，其中珠江广州段浓度最高，主要来自于上游和周边污染物的陆源输入 (Li et al., 2019)，同时，由于虎门水深显著大于上游河道和毗邻河口，更易造成沉积物中 Fe 和 Mn 的累积 (Ma et al., 2024)。此外，珠江口西面水域沉积物中 Mn 含量相对较高，可能与地质特征和陆源输入有关，并受局部水动力条件和沉积物沉积速率的影响。已有研究证实了河口 TOC、Fe 和 Mn 的空间分布与多种因素有关，包括陆源输入、潮流输运、沉积物再悬浮和海洋生物活动等 (Xiao et al., 2022)。

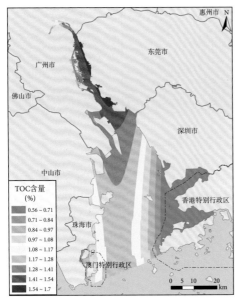

图 2.1-23　珠江口表层沉积物 TOC 分布图　　图 2.1-24　珠江口表层沉积物 Fe 分布图

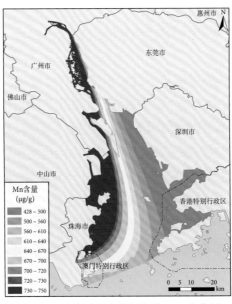

图 2.1-25　珠江口表层沉积物 Mn 分布图

珠江口表层沉积物 Co、Cd、As 和 Cu 浓度均呈现由北向南逐渐降低的趋势，浓度范围分别为 15~30 mg/kg，0.03~0.62 mg/kg，12.6~39.8 mg/kg 和 16~120 mg/kg（图 2.1-26 至图 2.1-29）。其中 Co 在珠海和澳门沿岸水域浓度出现峰值，而 As 在珠江口中部离岸区域浓度较高。通过相关性检验发现，Co 空间分布主要与 TOC 有关（$R^2 = 0.66$），说明 Co 迁移主要受有机碳影响 (Hansen et al., 1992)。Cu 和 Cd 空间分布具有高度一致性，

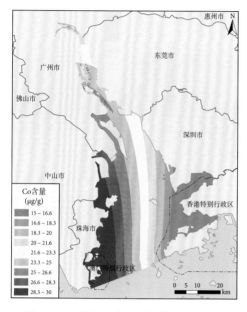

图 2.1-26　珠江口表层沉积物 Co 分布图

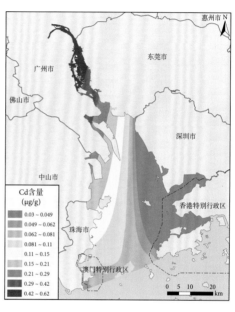

图 2.1-27　珠江口表层沉积物 Cd 分布图

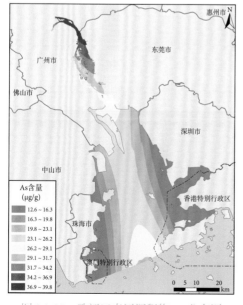

图 2.1-28　珠江口表层沉积物 As 分布图

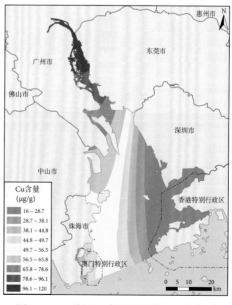

图 2.1-29　珠江口表层沉积物 Cu 分布图

表明其具有共同来源，并且其分布受到 Fe 的影响 (Li T et al., 2023)。As 空间分布与其他金属无显著相关性，呈现单独来源，表明其输入和迁移过程与其他金属不同。

珠江口表层沉积物 Cr、Pb、Ni 和 Sb 浓度由北向南、由西向东逐渐降低，浓度范围分别为 21~65 mg/kg、44~99 mg/kg、21~53 mg/kg 和 0.2~1.23 mg/kg（图 2.1-30 至图 2.1-33）。珠江广州段浓度最高，主要来自上游和周边地区的陆源输入 (Li et al., 2019)。

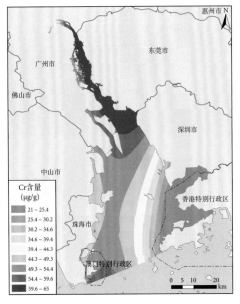

图 2.1-30　珠江口表层沉积物 Cr 分布图

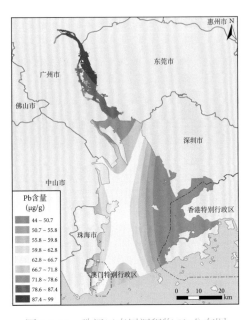

图 2.1-31　珠江口表层沉积物 Pb 分布图

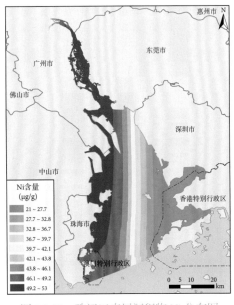

图 2.1-32　珠江口表层沉积物 Ni 分布图

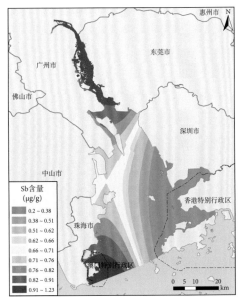

图 2.1-33　珠江口表层沉积物 Sb 分布图

相关性检验表明，Ni 和 Cr 为同一来源（$R^2 = 0.93$），而且其分布与 Fe 相关，表明 Ni 和 Cr 与沉积物中含 Fe 矿物形成过程有密切关联。Pb 与 Cu 和 Cd 具有相同来源，其分布受 TOC 和 Fe 双重影响 (Xiao et al., 2022)。Sb 呈单独来源，其与 Hg 相关性较高，说明尽管 Sb 与 Hg 输入途径不同，但它们在河口沉积物中迁移过程互相影响，紧密相关。

总体而言，金属在珠江口表层沉积物中均呈现由北向南、由西向东逐渐降低特征，其中，珠江广州段和珠海、澳门沿岸是热点区域，与陆源输入密切相关，同时受河口水动力条件、地质特征等因素影响。

2.1.6 温室气体排放

CO_2、CH_4 和 N_2O 是三种最主要的温室气体，贡献了全球超 80% 的总辐射强迫，且在大气中的含量均逐年升高。河口是陆地与海洋的过渡地带，是人类活动最强烈的生态系统之一，碳、氮生物地球化学循环活跃，是温室气体排放的热点区域。研究使用快速响应气体平衡装置连接气体分析仪（M1-916；LGR 和 G2201-i；Picarro）进行实时连续氧化亚氮（N_2O），甲烷（CH_4）和二氧化碳（CO_2）气体摩尔分数浓度监测，并通过设备校准曲线转换为水体实时溶解浓度，各获取 28 351 个测量值。

珠江口表层水 N_2O 浓度范围为 6~143 nmol/L，总体随盐度升高而迅速下降，但始终处于过饱和状态（图 2.1-34），该结果与其他文献报道的一致 (Chen et al., 2024; He et al., 2014; Li et al., 2022)。下游低 N_2O 浓度分布伴随着高溶解氧及低无机氮浓度水平。研究估计，珠江口 N_2O 向大气释放强度为 (58.5 ± 65.7) μmol/(m^2·d)，达到全球河口平均水平（18.2 μmol/(m^2·d)）的 3 倍；而 N_2O 年释放通量更是高达 1.05（0.92~1.23）Gg/a，珠江口面积相当于全球河口 1.4‰，却贡献了高达 4.6‰ 的 N_2O 排放，可抵消全国海岸带约 9.3% 的碳汇能力，是全球巨大的 N_2O 排放源 (Dong et al., 2023)。

珠江口表层水体 CH_4 浓度范围为 0.08~2.42 μmol/L，呈现"上游高、下游低"分布特征，在珠江上游、蕉门、虎门、横门等低盐度区域出现浓度高值（图 2.1-35）。高 CH_4 分布伴随着低溶解氧及较高的悬浮颗粒物水平。研究表明珠江口水体中 CH_4 饱和度达到 289%~16990%，是 CH_4 排放重要的源。除河流输入外，沉积物 - 水界面向覆盖水域释放 CH_4 通量达 0.7×10^4 mol/d (Chen et al., 2024)。缺氧和沉积物颗粒再悬浮（sediment particle resuspension, SPR）改变了河口生物地球化学循环，进而影响了 CH_4 产生和排放。SPR 与缺氧的协同效应显著促进温室气体在水下的产生和积累。在严重缺氧的环境中，有机物厌氧矿化是 CH_4 浓度增加的决定性因素，而 SPR 会导致有机质的耗氧分解增加，进而导致水体中 CH_4 浓度上升 (Liu et al., 2022)。

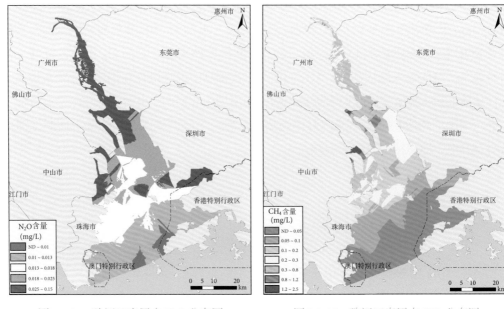

图 2.1-34　珠江口表层水 N_2O 分布图　　　　　　图 2.1-35　珠江口表层水 CH_4 分布图

珠江口表层水 CO_2 浓度范围为 16.86~129.50 μmol/L，由上游向下游逐渐降低，珠江广州段出现浓度最高值（图 2.1-36）。CO_2 浓度随盐度升高而下降，同时，叶绿素通过光合作用也对 CO_2 浓度分布产生较大影响。相关研究表明，珠江口水体 CO_2 浓度达到 481~7573 μmol/L，除河流输入外，沉积物 - 水界面向所覆盖水域释放 CO_2 通量高达 3.5×10^7 mol/d (Chen et al., 2024)。CO_2 浓度与浊度呈显著负相关，因为高浓度的悬

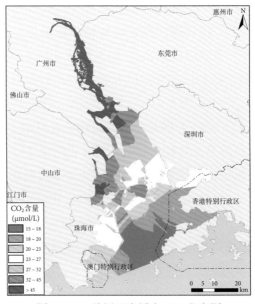

图 2.1-36　珠江口表层水 CO_2 分布图

浮颗粒物有机质增加了水体耗氧量，而低氧含量环境不利于有机物进行有氧分解产生 CO_2，因此也抑制了 CH_4 氧化生成 CO_2 (Liu et al., 2022)。

总体上，水体中 CO_2、CH_4 和 N_2O 的过饱和状态表明珠江口是大气中重要的温室气体源，其中 CO_2 是最主要的贡献者，占全球增温潜势（global warming potential，GWP）的 90%，CH_4 和 N_2O 分别占 2.8% 和 7.2%。水体 N_2O、CH_4、CO_2 浓度随盐度升高而降低，并与溶解氧、营养盐浓度空间分布具有较高的关联性。上游温室气体排放受人为活动及污水排放影响，下游受海水掺混及稀释作用影响较大。

2.2 珠江口主要生物类群状况

生态环境部《2020 中国海洋生态环境状况公报》、广东省生态环境厅《2020 广东省生态环境状况公报》显示，珠江河口生态系统呈亚健康状态。海水水质状况差，海水无机氮含量偏高，水体呈富营养化，沉积物质量一般。浮游植物密度和浮游动物生物量偏高，大型底栖生物密度和生物量偏低。珠江口周边的广州市、东莞市、深圳市、中山市、珠海市生态环境级别均为一般，表明该地区植被覆盖度中等，生物多样性水平一般。香港特别行政区、澳门特别行政区未纳入评估。2020 年夏季在珠江口开展了海洋生物多样性监测，鉴定出海洋生物 318 种，其中浮游植物 81 种，浮游动物 192 种，底栖生物 45 种。海洋生物多样性指数平均为 1.94，生境质量差（表 2.2-1）。

表 2.2-1　2020 年夏季珠江口海洋生物主要情况

分类	物种数（种）	密度（×10⁴ 个细胞/立方米）	生物多样性指数	主要优势种
浮游植物	81	61 133	0.80	中肋骨条藻 热带骨条藻
浮游动物	192	257	3.19	汉森莹虾 鸟喙尖头溞
大型底栖生物	45	51.7	1.39	光滑河蓝蛤

2.2.1 浮游生物现状

2020 年 6 月对珠江八大口门（磨刀门、虎门、横门、洪奇沥、蕉门、鸡啼门、崖门、虎跳门）浮游植物和浮游动物进行定性、定量采集及观察，了解浮游生物现状。

浮游植物的采集包括定性采集和定量采集。定性采集采用 25 号筛绢制成的浮游生物网在水中拖曳采集，并用采水器对中下层水体采样过滤。定量采集则采用 2500 mL 采水器取上、中、下层分泓线取水样，经充分混合后取 1000 mL 水样，加入鲁哥氏液固定，经过 48 h 静置沉淀，浓缩至 30 mL 以下，保存待检。一般同断面的浮游植物与原生动物、轮虫共一份定性、定量样品。枝角类和桡足类定量样品应在定性采样之前用采水器采集，每个采样点采水样 10~50 L，再用 25 号浮游生物网过滤浓缩。

采用物种优势度指数计算调查点位的优势种类，并采用生物多样性指数、均匀度指数对水生态状况进行评价。具体计算方法如下：

（1）物种优势度指数：

$$Y = \frac{N_i}{N} f_i$$

式中，N 为各样点所有物种个体总数；N_i 为第 i 种的个体总数；f_i 为该物种在各个采样点出现的频率。当 $Y > 0.02$ 时，该物种为群落中的优势种。

（2）Shannon-Wiener 生物多样性指数：

$$H' = -\sum_{i=1}^{S} P_i \ln P_i$$

式中，H' 为生物多样性指数；S 为样品的种类总数，P_i 为第 i 种的个体数与总体数的比值。

（3）均匀度指数：

$$E = \frac{H'}{\ln S}$$

式中，E 为均匀度指数；H' 为生物多样性指数；S 为样品的种类总数。

1. 浮游植物现状

珠江口地处亚热带，浮游植物种类繁多，组成具有地域特性，以暖水种和广温种为主，也包括部分温带种，种类季节变化大，优势种更替频繁。夏季淡水种占优势，冬季大洋性种类占优势。

从种类组成上看，本次调查共检出浮游植物 5 门 99 种（属），硅藻门和绿藻门的种类数最多（图 2.2-1）。硅藻 53 种（属），占全部检出种类的 53.54%；绿藻 27 种（属），占全部检出种类的 27.27%；蓝藻 9 种（属），占全部检出种类的 9.09%；裸藻 8 种（属），占全部检出种类的 8.08%；甲藻 2 种（属），占全部检出种类的 2.02%。

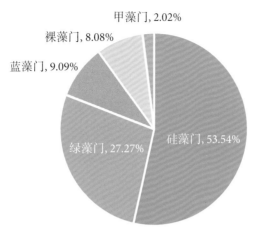

图 2.2-1 珠江口浮游植物门类组成

从空间分布上看,鸡啼门的浮游植物总种类数最多,达 35 种(属)。就硅藻门而言,鸡啼门种类数最多;就绿藻门而言,虎门最多,有 14 种(属)(图 2.2-2)。各采样点浮游植物密度变化范围为 $1.72 \times 10^5 \sim 8.63 \times 10^5$ cells/L,均值为 4.19×10^5 cells/L。最小值出现在虎跳门,最大值在横门(图 2.2-3)。优势度计算结果显示,颗粒沟链藻优势度最高,出现频率最高的为小环藻,均为硅藻(表 2.2-2)。以上结果表明,珠江口浮游植物空间分布差异大、种类数、密度、优势度、多样性和均匀度等指标均无明显规律。

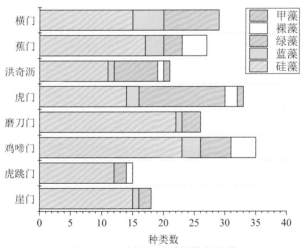

图 2.2-2 珠江口浮游植物种类数

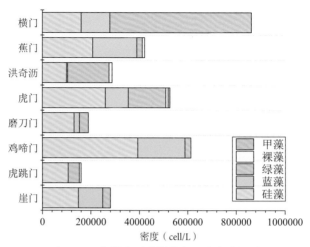

图 2.2-3　各样点浮游植物各门类密度组成

表 2.2-2　珠江口浮游植物出现频率及优势度

中文名	拉丁文名	出现频率	Y
扁圆卵形藻	*Cocconeis placentula*	75.00%	0.004
变异直链藻	*Melosira varians*	75.00%	0.014
脆杆藻	*Fragilaria* sp.	75.00%	0.003
广缘小环藻	*Cyclotella bodanica*	62.50%	0.003
尖针杆藻	*Synedra acus*	62.50%	0.008
近棒形异极藻	*Gomphonema subclavatum*	62.50%	0.003
科曼小环藻	*Cyclotella comensis*	62.50%	0.010
颗粒沟链藻	*Aulacoseira granulata*	62.50%	0.054
梅尼小环藻	*Cyclotella meneghiniana*	75.00%	0.015
小环藻	*Cyclotella* sp.	87.50%	0.036
直链藻	*Melosira* sp.	50.00%	0.017
衣藻	*Chlamydomonas* sp.	50.00%	0.007

　　计算各采样点的生物多样性指数和均匀度（表 2.2-3）。结果显示，虎门生物多样性指数最高、样品种类总数最多、均匀度达到 0.83；虎跳门、磨刀门、虎门、洪奇沥均匀度指数大于 0.8；横门生物多样性指数和均匀度指数均最低。

表 2.2-3　各采样点指数计算结果

点位	崖门	虎跳门	鸡啼门	磨刀门	虎门	洪奇沥	蕉门	横门
H'	2.19	2.19	2.45	2.81	2.94	2.52	2.39	2.03
S	18	15	31	26	34	21	27	29
E	0.76	0.81	0.71	0.86	0.83	0.83	0.73	0.60

2. 浮游动物现状

浮游动物种类及数量是水生态重要指标之一，是生物多样性中的重要一环。一般而言，浮游动物包括轮虫、枝角类、桡足类、甲壳动物、被囊动物等，生态类群包括河口类群、近岸类群、广布外海类群、广温广盐类群等。

从种类组成来看，本次调查检出浮游动物3门42种（属），其中轮虫最丰富，共20种，占47.62%；原生动物次之，检出14种，占33.33%；桡足类检出5种（属），占11.90%；枝角类3种，占7.14%（图2.2-4）。从空间分布来看，各口门浮游动物种类数差异大，横门总数最多，为25种；蕉门最少，仅有6种原生动物（图2.2-5）。

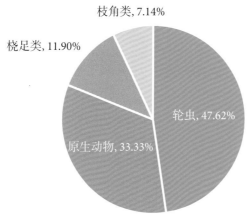

图2.2-4 珠江口浮游动物种类组成

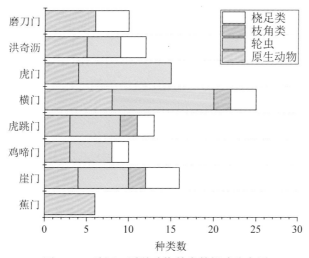

图2.2-5 珠江口浮游动物种类数组成分布图

浮游动物密度变化范围为 1.87~10.50 ind./L，均值为 4.61 ind./L，其中横门点位密度最高，蕉门次之（图 2.2-6）。原生动物的密度和轮虫的密度基本反映了各采样点浮游动物密度组成的主要变化。珠江口浮游动物群落生物量为 0.39~306.92 μg/L，均值 105.12 μg/L，最大值位于横门，最小值位于蕉门（图 2.2-7）。

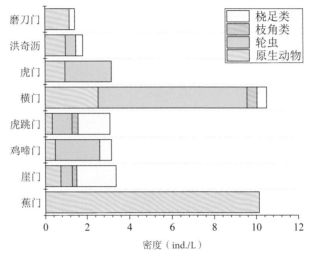

图 2.2-6　珠江口浮游动物密度组成分布图

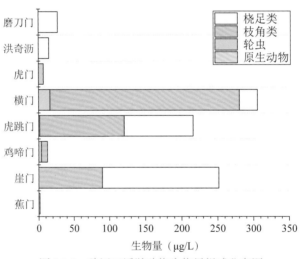

图 2.2-7　珠江口浮游动物生物量组成分布图

对浮游动物生物多样性指数和均匀度指数计算结果如表 2.2-4 所示。各口门生物多样性指数（H'）处于 1.65~2.57 之间，其中横门最高，蕉门最低。浮游动物均匀度指数（E）处于 0.76~0.96 之间，其中洪奇沥最高，鸡啼门最低。由此可见，八大口门中横门和崖门物种相对更丰富，密度、生物量、多样性均较高。

表 2.2-4　珠江口各口门浮游动物生物多样性指数（ H' ）和均匀度指数（ E ）

采样点	H'	E
蕉门	1.65	0.92
崖门	2.26	0.82
鸡啼门	1.76	0.76
虎跳门	2.17	0.85
横门	2.57	0.80
虎门	2.56	0.95
洪奇沥	2.39	0.96
磨刀门	1.96	0.85

2.2.2　底栖动物现状

2020 年 6 月进行底栖动物调查，在八口门采到底栖动物样品的有虎门、蕉门、洪奇沥、横门、磨刀门、鸡啼门；同时收集彭松耀等（2019）2015 年全年在八口门的调查结果作为补充资料，一并分析珠江河口的底栖动物现状。

底栖动物调查选择生境较好的岸边浅水区采样。使 D 形抄网的直边紧贴河流底部，逆水流方向从河流下游向上游移动约 1 m，挖取 0.1~0.3 m 厚的泥沙石等底质，使样品随着搅动和流水的冲刷和底质一起进入网内，在操网中洗涤去除淤泥，捡出底栖动物后丢弃石砾，样品和剩余底质分别装袋或瓶；未挑拣的样品从样品袋或瓶倒入白瓷盘内，把底栖动物挑拣放入样品瓶保存待检。

调查和资料搜集结果显示，珠江口共计调查到底栖动物 7 门 83 种，有扁形动物、刺胞动物、环节动物、脊索动物、节肢动物、纽形动物、软体动物。其中环节动物最多，有 30 种，其次为节肢动物 29 种。其中 2020 年 6 月在八口门共检出底栖动物 18 种（属），分软体动物、环节动物、甲壳动物、颚足动物和扁形动物 5 类。软体动物 7 种，占总数 38.89%，环节动物 4 种，甲壳动物 5 种，颚足动物和扁形动物各 1 种，未发现水生昆虫。按调查水域划分，虎门底栖动物物种最丰富，共鉴定出 11 种。无齿螳臂相手蟹分布最广，其次是绯拟沼螺，是河口潮间带的优势种。

彭松耀等（2019）2015 年的调查共获取大型底栖动物 67 种，其中环节动物多毛纲 27 种，节肢动物 24 种，软体动物 12 种，其他类群 4 种，主要是底栖鱼类、刺胞动物和纽形动物。对 2015 年各月珠江口丰度和频度平均值较高的前 5 个物种进行筛选，结果表明寡鳃齿吻沙蚕（532.4 ind./m²）、日本大螯蜚（238.5 ind./m²）和日本卷旋蜾蠃蜚（147.6 ind./m²）物种丰度等级较高，寡鳃齿吻沙蚕（6.3）、彩虹明樱蛤（3.6）和单叶沙蚕（2.9）频度等级较高。研究表明，河口大型底栖动物的物种分布随着盐度梯度变化，处于 30~40 PSU 盐度范围内的底栖生物群落物种丰富度较高，5~8 PSU 盐度范围内的群落物种丰富度较低，并且在河口其他环境因素剧烈变化影响下，物种丰富度处于较低的水平。2020 年 6 月采样时间为汛期，各样点盐度在 0~0.2 PSU 之间，洪水导致底质剧烈冲刷扰动，大部分样点底栖动物物种都很少。

2020 年 6 月各采样点底质、底栖动物密度和生物量见表 2.2-5。调查水域平均底栖动物密度为 24 ind./m²，平均生物量 10.54 g/m²。就密度而言，最高点位在虎门，为 49 ind./m²，生物量 10.27 g/m²，虎门数量较多的是箱形樱蛤、单叶沙蚕、平角涡虫和总角截蛏，生物量以紫游螺和四齿大额蟹为主；生物量最高点位在横门，为 16.15 g/m²，横门优势种为大型底栖动物无齿螳臂相手蟹，底栖动物总生物量也较大。底栖动物密度较高的还有横门、洪奇沥和磨刀门，磨刀门疣吻沙蚕最多。生物量较大的采样点还有鸡啼门和蕉门，其中蕉门以无齿螳臂相手蟹为主，鸡啼门以字纹弓蟹为主。珠江口底栖动物种类多，空间分布差异大，无明显规律特征。

表 2.2-5　2020 年 6 月各点位底栖动物分布汇总表

采样点	底质	密度（ind./m²）	生物量（g/m²）
虎门	泥沙，砾石，零星红树林	49	10.27
蕉门	砾石，泥沙	17	11.47
鸡啼门	泥，石	16	15.54
洪奇沥	砂石	28	4.41
磨刀门	石滩，泥	24	7.82
横门	石滩，有泥沙	30	16.15
平均		24	10.54

2.2.3　鱼类概况

本部分概述 2013~2016 年珠江口鱼类状况，资料来源于《珠江口鱼类多样性与资源保护》(李桂峰和庄平，2018)。

1. 种类组成

根据 2013~2016 年珠江口水域调查结果，共记录鱼类 285 种，隶属于 2 纲 20 目 88 科 195 属。其中鲈形目、鲤形目、鲱形目是珠江口优势类群，包括鲈形目鱼类 139 种，占总数 48.77%；鲤形目 35 种，占 12.28%；鲱形目 20 种，占 7.02%。此外，鲇形目 14 种，占 4.91%；鲻形目 13 种，占 4.56%；鲀形目 12 种，占 4.21%；鲽形目 12 种，占 4.21%；其他各目所占比例均小于 4%，合计为 14.04%，如图 2.2-8 所示。

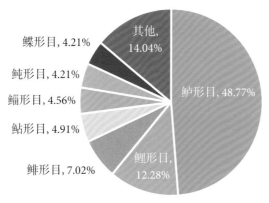

图 2.2-8　珠江口鱼类种类组成

时间分布上，2013 年 12 月至 2016 年 9 月三年间珠江口水域鱼类种类数变化情况总的来说夏季＞秋季＞春季＞冬季。冬季（12 月）调查平均捕获鱼类 105 种，春季（3 月）调查平均捕获鱼类 109 种，夏季（6 月）调查平均捕获鱼类 139 种，秋季（9 月）调查平均捕获鱼类 121 种。

空间分布上，距离相近站点种类相似度较高，各站点种类组成显示出沿上而下呈带分布的格局。三水站点捕获鱼类 62 种，高明 54 种，九江 40 种，江门 46 种，斗门 57 种，神湾 65 种，在 90 种以上的点位有 5 个，其中南沙 92 种，崖门 116 种，南水 117 种，伶仃洋 114 种，万山 156 种。总体而言，珠江口鱼类组成丰富，其种类无论是时间上，还是空间上，均有较明显的差异。

2. 生态类型

珠江口是广盐性河口，其盐度在 0.01~34.49 PSU 间变化（贾后磊 等，2011），因此淡水鱼类、海水鱼类和洄游性鱼类均出现在河口区。Elliott 等（2007）将生态类型划分为：海洋偶见鱼类（marine sedentary fish，MS）、海洋洄游鱼类（oceanic migratory fish，OC）、海淡水无方向迁移鱼类（amphidromous diadromous fish，AM）、溯河洄游鱼类（anadromous migratory fish，AN）、河口定居鱼类（estuarine resident fish，ES）、降海洄游鱼类（catadromous migratory fish，CA）、淡水洄游鱼类（potamodromous migratory fish，PO）和淡水鱼类（freshwater fish，FS）。珠江口不同季节鱼类各生态类型分布见表 2.2-6。从鱼类生态类型看，珠江口以海洋偶见鱼类和海淡水无方向迁移鱼类的种类最多，溯河洄游鱼类和降海洄游鱼类的种类最少；从不同季节的种类数量看，夏、秋两季的类数量较多，春、冬两季种类数量相对较少。

表 2.2-6　不同季节各生态类型鱼类种类数　　　　单位：种

生态类型	春	夏	秋	冬
海洋偶见鱼类（MS）	25	50	39	26
海淡水无方向迁移鱼类（AM）	37	47	36	32
淡水鱼类（FS）	26	33	23	18
海洋洄游鱼类（OC）	21	32	31	22
淡水洄游鱼类（PO）	18	20	19	18
河口定居鱼类（ES）	14	16	16	14
溯河洄游鱼类（AN）	8	9	6	8
降海洄游鱼类（CA）	10	8	8	10

3. 丰度与生物量组成

珠江口鱼类丰度呈现由少数鱼类占优势、稀有种种类数较多的特征。珠江口鱼类丰度排序前 10 名的鱼类有花鰶、棘头梅童鱼、三角鲂、鲮、七丝鲚、鲎、短吻鲾、凤鲚、拉氏狼牙虾虎鱼和赤眼鳟，累计丰度达 57.18%。丰度超过 1% 的种类还有舌虾虎鱼、鲻、尼罗罗非鱼、丽副叶鲹、棱鲮、鲢、麦瑞加拉鲮、须鳗虾虎鱼、黄尾鲴和泥鳅。这 20 种鱼类累计丰度达 77.24%。依体型大小划分，小型和中小型鱼类占主导地位。

时间分布上，不同季节珠江口鱼类丰度优势种略有不同，春季和夏季均以花鰶的丰度最高，秋季以三角鲂的丰度最高，冬季以棘头梅童鱼的丰度最高。从鱼类的生态类型看，夏秋两季河口盐度相对较低，三角鲂、鲮、鲎等淡水鱼类丰度较高；春冬两季河口盐度较高，棘头梅童鱼等海洋性鱼类丰度较高。

空间分布上，各调查点位以花鰶、七丝鲚和三角鲂为共同优势种。其中靠近珠三角河网段点位（三水、高明、九江、江门、斗门、神湾）的鱼类丰度优势种有鲮、鲎、三角鲂、花鰶、赤眼鳟、尼罗罗非鱼、七丝鲚、舌虾虎鱼、麦瑞加拉鲮和鲢，口门段丰度优势种有棘头梅童鱼、花鰶、凤鲚、短吻鲾、拉氏狼牙虾虎鱼、七丝鲚、丽副叶鲹、鲻、棱鲮和三角鲂；三角洲河网生物量优势种除花鰶外均为淡水性鱼类，而口门段生物量优势种以河口海洋性鱼类为主。

4. 珍稀濒危鱼类

根据以上资料，在珠江口 11 个调查点位和珠江口龙穴岛周边到淇澳岛以北和内伶仃岛周边区域内，共有《国家重点保护野生动物名录（2021 年）》中收录的一级重点保护野生动物 4 种：中华白海豚、中华鲟、黄唇鱼、鲥；二级重点保护野生动物 3 种：花鳗鲡、斑鳢、印太江豚；《中国脊椎动物红色名录》（蒋志刚 等，2016）中收录的珍稀脊椎动物 4 种：中华鲟（极危 CR，Critically Endangered）、花鳗鲡（濒危 EN，Endangered）、鲥（极危 CR，Critically Endangered）、斑鱯（无危 LC，Least Conce）；20 世纪 80 年代在西江水系能采捕到中华鲟、鲥鱼。珠江是中华鲟的模式产地，1934 年，鱼类学家格雷（J. E. Gray）在西江采到中华鲟的模式标本并命名；广州市历史上盛产鲥鱼，20 世纪 80 年代初年产仍达 20 多万千克，后来资源严重衰退，近年已濒临灭绝，在 2005 年农业部《水生野生动物保护名录》（征求意见稿）中被增为 I 级保护动物。在 20 世纪 70 年代，珠江口曾是黄唇鱼的主产区，年产量曾多达 180 吨，到了 80 年代，黄唇鱼在虎门海域的出现率仍然较高，在当地的常见鱼类中排在第 6 位，占总渔获量的 9%~10%，但近年这些种类的种群数量正在减少。2013~2016 年调查资料显示，黄唇鱼调查发现区域为南沙，花鳗鲡为伶仃洋，斑鱯为三水、高明、九江。可见珠江口近百年来珍稀濒危鱼类逐渐减少，鱼类资源下降重视。

5. 外来鱼类

20 世纪 80 年代调查资料显示，珠江口地区仅存在罗非鱼、露斯塔野鲮和食蚊鱼 3 种外来鱼类（潘炯华，1991）。而 2013~2016 年的数据表明珠江口外来鱼类种类速增加至 15 种，且它们的分布范围逐渐扩大。

外来鱼类生物量占珠江口总生物量的 11.05%，表明珠江口鱼类群落结构发生了变化，外来鱼类的影响在逐步加深，并且呈上升态势。在 15 种外来鱼类之中，麦瑞加拉鲮、条纹鲮脂鲤、罗非鱼等已有相当数量出现，且形成了稳定的繁殖群体（表 2.2-7）。在调查渔获物中，罗非鱼中的尼罗罗非鱼和麦瑞加拉鲮占比最大，生物量分别占总生物量的 6.75% 和 2.88%，个体规格分别在 3.5~30.2 cm 和 5.5~40.8 cm，大小各异，龄幅较宽，分布范围最广，除万山站点外其他 10 个站点均有分布。统计数据显示，尼罗罗非鱼已成为珠江口水域优势种，在三角洲水域如三水、江门、斗门等江段平均生物量占比达 8.77%，在口门段如南沙、崖门等平均生物量占比 3.20%，李桂峰等（2013）指出，尼罗罗非鱼已在除鉴江外广东全流域均有分布，麦瑞加拉鲮在珠江主要流域也均有分布。

表 2.2-7　珠江口外来鱼类组成与分布

种类	三水	高明	九江	江门	斗门	神湾	南沙	崖门	南水	伶仃洋	万山
麦瑞加拉鲮	+	+	+	+	+	+	+	+	+	+	
露斯塔野鲮	+	+	+	+		+					
多辐翼甲鲇	+	+	+	+		+	+			+	
革胡子鲇	+	+	+	+	+	+			+		
斑点叉尾鮰	+				+						
食蚊鱼							+				

种类	三水	高明	九江	江门	斗门	神湾	南沙	崖门	南水	伶仃洋	万山
奥利亚罗非鱼					+	+					+
莫桑比克罗非鱼	+	+	+	+	+	+	+	+			
尼罗罗非鱼	+	+	+	+	+	+	+	+	+	+	
蓝鳃太阳鱼										+	
眼斑拟石首鱼										+	
大口黑鲈	+						+				
尖吻鲈					+				+	+	+
条纹鲮脂鲤	+	+	+	+		+				+	
短盖巨脂鲤	+							+			

2.3　本章小结

　　珠江口水环境状况调查结果显示，对于水体和沉积物而言，营养盐、金属、持久性有机污染物和温室气体均呈现明显陆源性特征，污染程度与沿岸人类活动和产业类型密切相关，海水掺混稀释作用也对污染物分布起重要作用。污染物之间的相关性分析显示，大部分金属分布与 Fe、Mn 相关，温室气体与溶解氧、营养盐也呈现较强相关性。从空间分布来看，虎门上游人为活动密集，河道窄、水体交换条件差，有机污染和氮磷污染明显；Fe、Mn、Cd、Cu 等金属污染集中在上游或河口两岸，受密集的产业分布影响，有机污染物浓度较高，温室气体排放显著。虎门至内伶仃岛水域，DOC 和 COD 浓度显著高于河口中部，Cd 在西面水域污染严重，Cu 在东部污染严重，PAHs 和 PFCs 则在横门、横门出海口浓度较高。内伶仃岛到外伶仃岛水域，PAHs 和 Cd 出现浓度极值，而 PCBs、Cu 和 COD 则在深圳、香港附近浓度较高。

　　水生态状况方面，浮游生物组成具有典型地域特性，其空间分布差异较大，其中浮游植物种类繁多，种类季节变化大，优势种更替频繁，而浮游动物除了在蕉门和横门之外，其他采样点位的种类和密度等指标均较为相近，总体而言，浮游生物调查结果表明水生态状况良好。底栖动物具有较强的时空差异性，且物种分布受盐度梯度的影响较为显著。由于特殊的地理位置，调查区域淡水、海水鱼均有分布，以小型、中小型鱼类为主，而生物量呈现由少数鱼类占据优势、稀有种种类数较多的特征；部分区域出现珍稀濒危鱼类，外来鱼类的分布范围也逐年扩大。

　　总而言之，人为活动和潮流运动是影响水环境状况的两个重要因素；水生态状况受季节、空间、盐度等因素的影响也较为明显。未来需要以珠江口为整体考虑，全面摸清特征污染物的时空分布特征，通过信息化、模型化等现代技术手段高精度刻画污染物的传递作用和生物响应过程，为水生态环境风险预警提供科学参考。

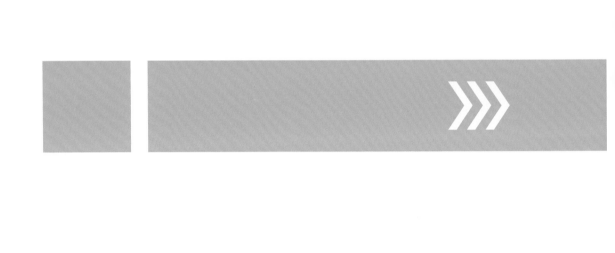

第三章

珠江口水生态环境历史变化及保护治理行动

　　河口区域作为陆地、海洋和大气相互作用最为活跃、复杂的地带，对人类活动的干扰极为敏感。珠江口沿岸经济社会发展与生态环境保护矛盾突出，新老环境问题交织，区域性、布局性、结构性环境风险凸显，区域生态文明建设和生态环境保护面临着极大的挑战。近年来，我国对水环境问题关注度日益增加，尤其是在"十四五"规划期间，治理思路由单一的污染治理转向系统治理和综合推进水资源、水生态、水环境保护的转变。这一治理思路和政策实践对环境污染控制和珠江口生态改善产生了重要影响。在此背景下，解决珠江口水环境污染问题、改善区域生态健康状况迎来了新的机遇和曙光。本章一方面结合研究和历史数据，从区域重点关注污染物、水文现象和重要物种等方面对珠江口水生态环境历史变化进行总结；另一方面围绕水生态环境变化主线，全面梳理国家和区域治理政策，系统阐明社会发展、城市变化和治理措施对珠江口水生态环境演变的影响规律和内在关联。通过对珠江口生态环境健康状况的剖析，从历史变化和政策行动实施的角度，为促进区域人地关系协调与可持续发展助力。

3.1 珠江口水环境历史变化

粤港澳大湾区是我国新一代信息技术、高端设备制造、新材料、生物医药等新兴产业的主要聚集地。在产业兴起、人口聚集、交通发达等多因素共同作用下，区域污染物呈现种类增多、来源复杂、人为排放量大等特点，引起珠江口水体营养盐、金属、有机污染物等浓度持续波动。同时，在降雨和潮汐等自然因素及采砂和用水等人为因素的共同影响下，珠江口咸潮上溯明显，直接影响区域水质，甚至导致土地盐碱化。本研究通过文献检索、资料收集，结合近年监测数据，探讨珠江口主要水生态环境指标历史变化趋势，从时间尺度解析区域水生态环境特征。

3.1.1 总氮总磷历史变化

广东省生态环境厅统计数据显示，2015~2022 年，珠江口洪奇沥、蕉门、中山港码头三个监测点位总氮浓度分别为 1.64~3.07 mg/L、1.66~3.15 mg/L、1.66~2.18 mg/L（图 3.1-1）。洪奇沥和蕉门点位总氮浓度变化趋势基本一致，2020 年后显著升高，分别较 2015~2019 年年均提高 6.6%~60.4%（洪奇沥）和 44.8%~65.9%（蕉门）；中山港码头总氮浓度年际差异较小，2018 年和 2019 年最低，为 1.66~1.69 mg/L。参照《海水水质标准》（GB 3097—1997），总氮污染程度劣于Ⅳ类标准限值。2020 年以来珠江口部分区域总氮浓度的显著升高，对近岸海域水环境质量产生了直接影响。研究表明，珠江口的氮主要来源于生活源排放的氮污染物，这与周边城市的污水处理能力和成效密切相关（吴孝情 等，2022）。水体总氮含量的升高不仅直接决定了水体富营养化程度，而且对河口水体温室气体 N_2O 排放产生重要影响 (Dong et al., 2023)。

2015~2022 年，洪奇沥、蕉门、中山港码头监测点位总磷含量分别为 0.05~0.09 mg/L、0.04~0.10 mg/L、0.04~0.10 mg/L（图 3.1-1），参照《海水水质标准》（GB 3097—1997），总磷浓度达到Ⅱ类水质标准。其中，洪奇沥总磷浓度自 2017 年总体呈下降趋势，蕉门 2020 年总磷浓度急剧下降，同比下降 59.8%，其他年份则呈缓慢上升趋势；中山港码头总磷浓度持续波动，年际差异较小。考虑到总磷浓度具有一定的季节差异（平水期 > 枯水期 > 丰水期），且珠江口各口门的浓度分布差异大，2006 年数据显示，蕉门总磷浓度最低（磨刀门 > 洪奇沥 > 横门 > 鸡啼门 > 虎跳门 > 虎门 > 崖门 > 蕉门），因此，珠江口存在总磷污染的风险（杨婉玲 等，2010）。

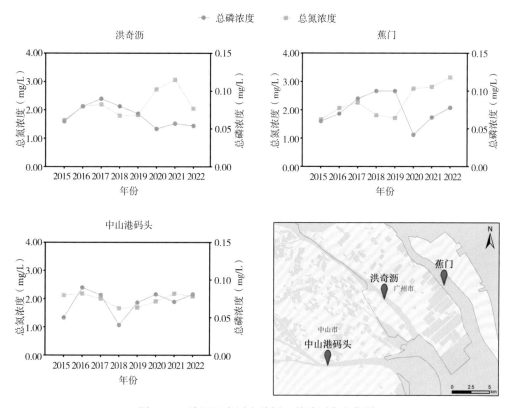

图 3.1-1　珠江口表层水总氮、总磷历史变化图

3.1.2　金属历史变化

2002~2021 年间珠江口水体中 Cd 浓度略有波动，总体呈先上升后下降的趋势，平均浓度由 2003 年的最高值 0.30 μg/L 下降至 2021 年的 0.07 μg/L，下降幅度为 76.7%（图 3.1-2），年均浓度均达到《海水水质标准》（GB 3097—1997）中规定的 I 类标准（国家环境保护局，1997）。2004~2021 年间，Fe 和 Mn 浓度呈先升高后下降趋势，其中 Fe 平均浓度最高值为 2013 年的 271.5 μg/L；Mn 平均浓度最高值为 2010 年的 39.13 μg/L。2002~2020 年间 Pb 浓度呈先降后升再下降的趋势，最高平均浓度为 2013 年的 7.59 μg/L，符合海水水质III类标准；2002 年和 2003 年 Pb 平均浓度分别为 2.22 μg/L 和 2.17 μg/L，达到II类标准，其余七个年份平均浓度均达 I 类标准。综合来看，尽管珠江口水体中溶解态 Cd 和 Pb 浓度较低（ I ～ III 类标准）且 Cd 浓度随时间变化下降趋势明显，但 Pb 浓度波动较大。从分布区域看，广州、香港附近水域 Pb 浓度最高，主要来源于化石燃料燃烧和大气沉降输入（付涛 等，2022）。

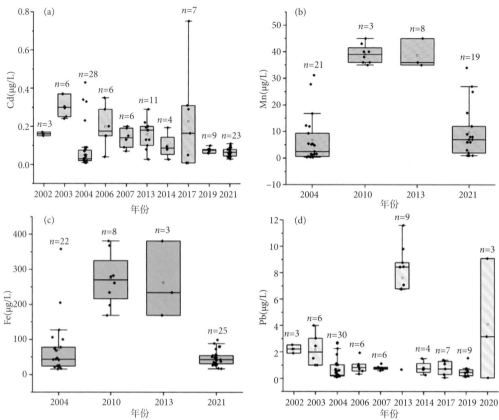

图 3.1-2　珠江口水体 Cd（a）、Mn（b）、Fe（c）和 Pb（d）浓度历史变化图（付涛 等，2023；张亚南，2013；张亚南 等，2013；彭鹏飞 等，2017；王增焕 等，2004；贾钧博 等，2021；黄向青 等，2005）

　　金属主要存在于溶解相、悬浮颗粒物和沉积物中。通常认为，粒径小于 63 μm 的颗粒物代表了水体悬浮颗粒物的主要组成。水中不能透过 0.45 μm 孔径滤膜的部分被称为"颗粒态"，即为水中的悬浮颗粒物，而能够透过 0.45 μm 孔径滤膜的部分则为"溶解态"。珠江口 Cd、Pb 颗粒态及溶解态浓度年际变化如图 3.1-3 所示，2016～2020 年间颗粒态 Cd 平均浓度由 3.03 μg/g 下降至 0.48 μg/g，下降幅度高达 84.2%；溶解态 Cd 浓度在 2017～2020 年间则呈持续波动状态，2018 年出现 0.31 μg/L 的最高值，2019 年出现 0.03 μg/L 的最低值。2016～2020 年间颗粒态 Pb 浓度先上升后下降，平均浓度由 2016 年的 155.63 μg/g 上升至 2017 年的 159.03 μg/g，上升幅度为 2.18%，而后开始下降，在 2020 年时降至 67.25 μg/g，下降幅度为 57.7%；溶解态 Pb 浓度在 2017～2020 年间总体呈下降趋势，平均浓度由 2017 年的 0.78 μg/L 下降至 2020 年的 0.029 μg/L，下降幅度为 96.3%。以上结果表明，水体中 Cd 和 Pb 主要以颗粒态形式存在，分配系数分别为 9.77～16 和 204～2319。此外，水体 Cd 和 Pb 的颗粒态和溶解态浓度呈完全不同的变化趋势，其中颗粒态浓度波动更为显著，且标准差随着年份的增加而减小，这可能与水体透明度增加，水质整体改善，水体中颗粒物含量整体降低有关。

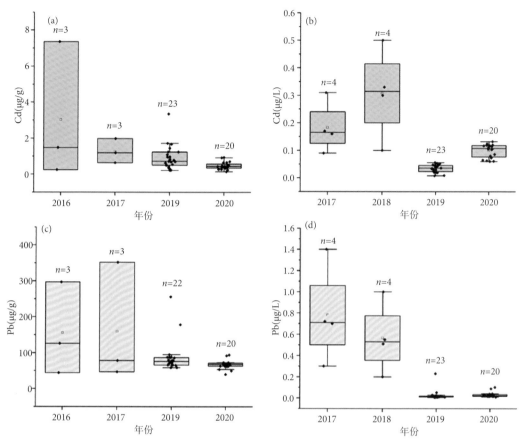

图 3.1-3 珠江口水体中 Cd、Pb 的颗粒态及溶解态浓度历史变化图：（a）Cd 颗粒态浓度；（b）Cd 溶解态浓度；（c）Pb 颗粒态浓度；（d）Pb 溶解态浓度 (Fang and Wang, 2022; Qin et al., 2022; Xie and Wang, 2020; 付涛 等, 2022; 杜佳 等, 2019)

  珠江口水体 Cu、Ni、As 和 Zn 浓度历史变化如图 3.1-4 所示。2002~2021 年间，Cu 浓度持续波动，范围为 0.6~7.58 μg/L，平均浓度最高为 2002 年的 6.53 μg/L，符合海水水质Ⅱ类标准；其余年份年均浓度均达Ⅰ类标准。2004~2019 年间 Ni 浓度无明显变化，其中 2004 年、2013 年、2017 年和 2019 年平均浓度分别为 3.46 μg/L、2.40 μg/L、2.99 μg/L 和 2.44 μg/L，均达海水水质Ⅰ类标准。2004~2019 年间 As 浓度波动，平均浓度为 0.45 μg/L（2004 年），最高为 3.08 μg/L（2008 年），所有年份均达到海水水质Ⅰ类标准。2002~2021 年间 Zn 浓度呈先降后升再下降的趋势，最高平均浓度为 48.33 μg/L（2002 年），其次为 38.28 μg/L（2017 年），34.90 μg/L（2014 年）和 28.11 μg/L（2013 年），均达海水水质Ⅱ类标准，其余年份平均浓度均达Ⅰ类标准。

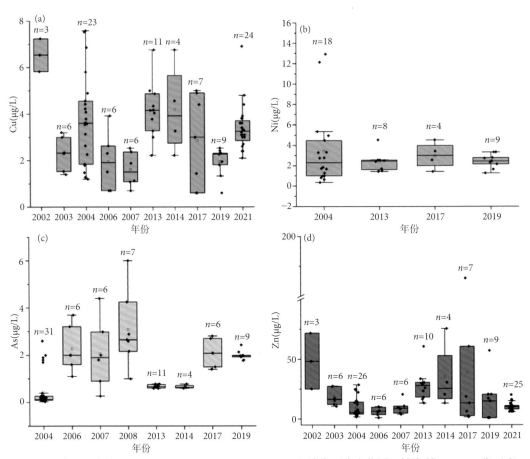

图 3.1-4　珠江口水体 Cu（a）、Ni（b）、As（c）、Zn（d）浓度历史变化图（付涛 等，2023；张亚南，2013；张亚南 等，2013；彭鹏飞 等，2017；王增焕 等，2004；贾钧博 等，2021；黄向青 等，2005）

　　值得注意的是，As 浓度在 2017~2019 年间出现反弹现象。据报道，近年来沉积物 As 污染状况持续加剧，一方面，As 富集指数由 2010 年的 0.94~4.99（平均值为 2.61）上升至 2020 年的 2.17~12.73（平均值为 6.47）（付淑清 等，2023），说明内源 As 释放正逐步取代外源输入成为珠江口水体 As 污染的主要来源。另一方面，As 空间分布特征也发生了明显变化，由 2010 年的"由近岸向远岸方向递减"演变为 2020 年的"由近岸向外海方向递增"，这可能是由于海岸带富营养化或区域性底层水缺氧导致沉积物 As 释放量增加。尽管珠江口水质符合质量标准，但 As 污染潜在风险较大，防治形势较为严峻，需持续加强监测，尤其是对外海侧沉积物 As 释放进行精准量化和风险趋势把控。

　　如图 3.1-5 所示，2016~2020 年间珠江口水体颗粒态 Cu 浓度呈先上升后下降趋势，平均浓度由 2016 年 143.47 μg/g 上升至 2017 年 265.23 μg/g，上升幅度为 84.9%，随后下降至 2020 年的 67.25 μg/g，降幅为 74.6%；相反地，溶解态 Cu 浓度则呈先下降后上升趋势，平均浓度由 2017 年 2.06 μg/L 降至 2019 年 0.99 μg/L，降幅为 51.9%，随后小幅上升至 2020 年的 1.16 μg/L，上升幅度为 17.2%。同时期内，水体中颗粒态 Zn 浓度呈下降趋势，平均浓度由 2016 年 1000.33 μg/g 降至 2020 年 177.9 μg/g，降幅为 82.2%；而溶解态 Zn 浓度在 2017~2020 年间呈先下降后上升趋势，由 2017 年 9.91 μg/L 降至 2019 年 0.96 μg/L，

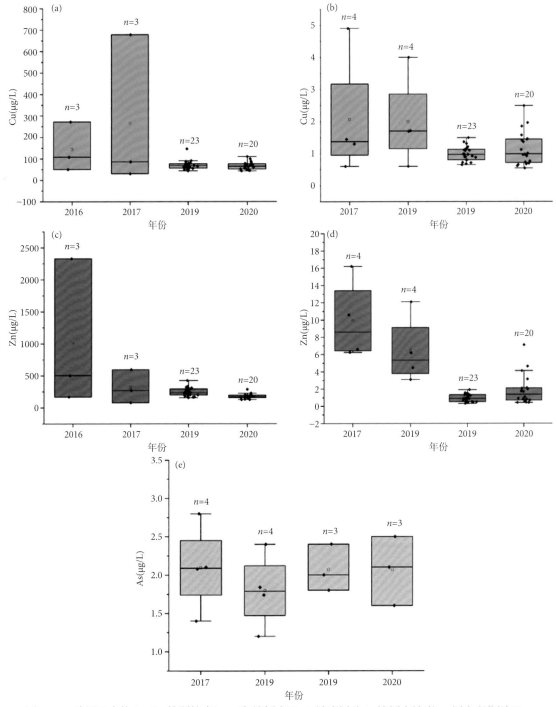

图3.1-5　珠江口水体 Cu、Zn 的颗粒态（a、c）和溶解态（b、d）浓度以及 As 溶解态浓度（e）历史变化图（Fang and Wang, 2022; Qin et al., 2022; Xie and Wang, 2020; 付涛 等，2022; 付淑清 等，2023; 杜佳 等，2019）

降幅为 90.3%，随后小幅上升至 1.87 μg/L，上升幅度为 94.8%。珠江口水体中溶解态 As 浓度在 2017~2020 年间无显著变化。

颗粒态 Cu 和 Zn 通常与悬浮颗粒物结合存在，其迁移和转化受到水流动力学因素影响较大；溶解态 Cu 和 Zn 则更容易被生物吸收和转化，对水体生态系统产生直接影响。结果表明，珠江口水体 Cu 和 Zn 主要以颗粒态形式赋存，分配系数分别为 129~58 和 204~185。尽管分配系数随年份增加略有减小，但颗粒态始终为主要形态。

综上所述，尽管沉积物金属浓度整体上符合标准，但特定污染物（如 As）的潜在风险仍需高度重视。人类活动和水环境变化可通过影响底泥物质的释放和再沉淀过程，改变水体中各种元素分配系数，进而影响水质状况和生态环境质量。对金属颗粒态和溶解态的变化趋势进行长期监测和定向调控，有助于准确评估区域水质状况和环境质量，及时采取保护和管理措施，以确保水体环境质量稳定和持续改善。

3.1.3 持久性有机污染物历史变化

珠江口水体中 16 种多环芳烃历史浓度年际波动较大，2001~2021 年，总浓度范围在 10.8~19 634 ng/L（图 3.1-6）。均值最高的年份为 2021 年，高达 3376 ng/L，其次为 2001 年的 2715 ng/L 和 2016 年的 1520 ng/L。然而，由于数据来源差异大，采样方法和样品前处理手段不一致，部分年份数据缺失或样本量不足，导致数据之间的可比性较差，难以全面、准确反映实际多环芳烃年际变化的趋势。

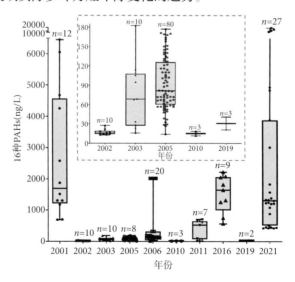

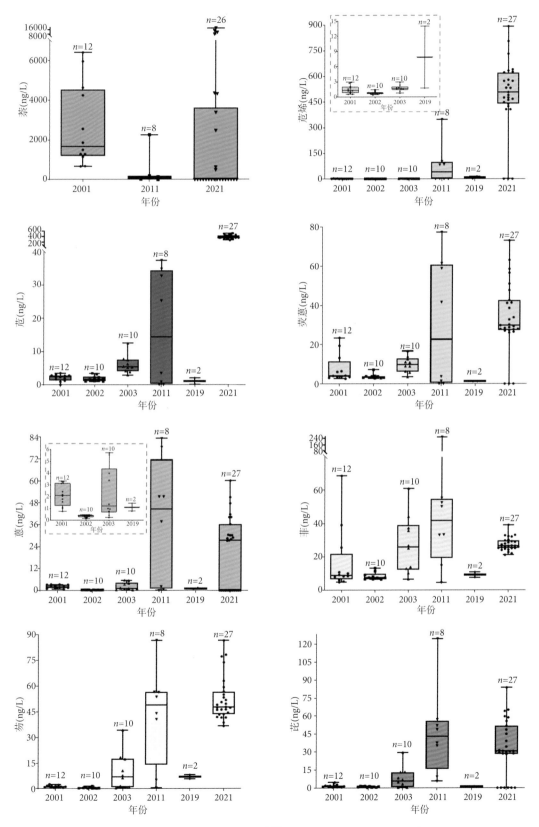

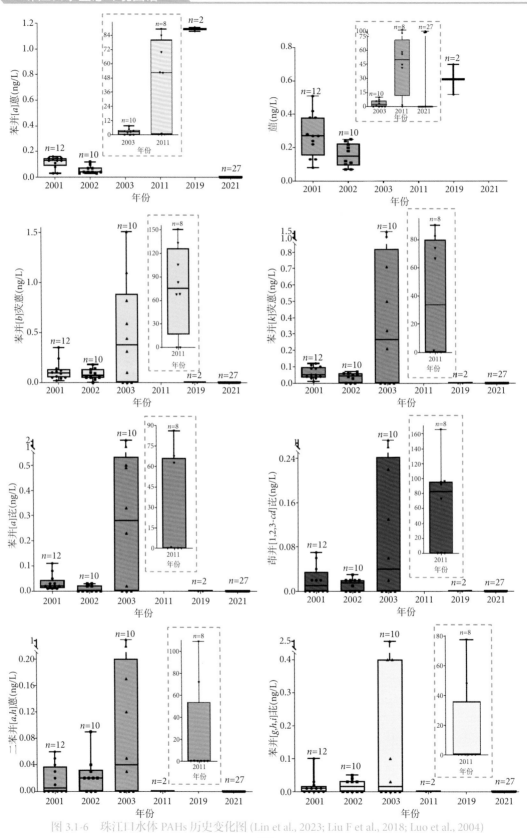

图 3.1-6　珠江口水体 PAHs 历史变化图 (Lin et al., 2023; Liu F et al., 2018; Luo et al., 2004)

以 2021 年本研究统一采集分析的数据为例，16 种多环芳烃中占比最高的依次为萘（85.6%）、苊烯（6.9%）、苊（4.9%）、芴（0.6%）、芘（0.5%）、荧蒽（0.5%）、蒽（0.5%）、菲（0.3%）和蒀（0.2%），其他多环芳烃未检出。结果表明，水体多环芳烃含量与其疏水性关系密切，疏水性较低的多环芳烃含量较高。通过对特定化合物的比值计算（荧蒽/（荧蒽＋芘））确定多环芳烃的可能来源，结果显示过去 20 年多环芳烃污染主要来源于草木、碳源的燃烧（100%）；2021 年该来源比例有所下降，而石油及精练产品来源占比高达 81%，说明了随着珠江口沿岸城镇化水平的提高，多环芳烃来源更加广泛，工业活动、交通运输、大气沉积和煤炭燃烧逐渐成为主要污染源 (Li et al., 2011)。

多氯联苯化合物总共 209 种，目前我国监测站尚未对此类化合物进行长期监测和数据公开，本研究以文献调研为主，对历史数据进行全面筛查，以四氯联苯和六氯联苯为代表探究珠江口水体多氯联苯的历史变化趋势（图 3.1-7）。由于 1994 年环境水体有机污染物的分析监测方法尚不成熟，数据准确性有待考证；2000~2021 年间珠江口水体四氯联苯和六氯联苯变化趋势基本一致，在 2005 年最低，2021 年显著升高（图 3.1-7）。多氯联苯主要来源于工业活动，作为电工设备的绝缘材料和增塑剂，广泛应用于变压器、电容器等领域，同时，未按规定处理的工业废水和城市污水也是导致多氯联苯进入自然水体的重要原因。2005~2021 年珠江口表层水多氯联苯浓度显著升高，可能是因为粤港澳大湾区快速的经济、交通运输发展导致了其释放量增多。然而，由于相关数据严重匮乏，引起多氯联苯变化的原因还需进一步研究。

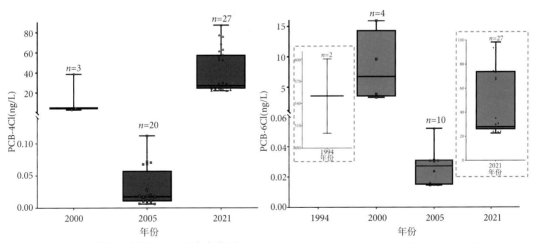

图 3.1-7　珠江口水体 PCBs 历史变化图 (Wurl et al., 2006; Yang et al., 1997; Zhang et al., 2002)

3.1.4 咸潮历史变化

珠三角地区河道纵横交错，在太阳和月球（主要是月球）对地表海水引力的作用下，受径流和潮流共同影响，水流此消彼涨。当高盐水团随涨潮流沿着河口的潮汐通道推进，盐水扩散、咸淡水混合造成上游河道水体变咸，形成咸潮。

珠江口咸潮历史变化大致可分为三个阶段。第一阶段是新中国成立后，随着珠江三角洲联围筑闸的逐步推进和河口的自然延伸，河网区径流、潮汐动力逐渐减弱，20世纪60~80年代，咸界逐渐下移。这一时期珠江三角洲受咸潮危害最突出的是农业，经常受咸潮影响的农田面积为68万亩，遇到大旱年，咸潮影响更加严重。

第二阶段是改革开放后，随着经济发展和城镇化水平提高，大规模采沙导致河床急剧变化，珠江三角洲纳潮量迅速增加，潮汐动力增强。这种趋势逐渐抵消并超过了由于联围筑闸和河口自然淤积延伸导致的潮汐动力减弱趋势，咸潮强度逐渐由减弱转至增强，受咸潮影响的主要对象逐渐由农业转变为工业和生活。1998~1999年枯水期，珠江三角洲多条河道咸潮上溯，部分取水口氯化物含量超标严重，造成珠海、中山大面积停水，广州4家自来水厂被迫间歇性停产。

第三阶段是21世纪后，随着居民用水量大幅提高，同时受2002~2011年连续10年枯季干旱、三角洲河道地形演变、枯季西北江分流比变化等多重因素影响，咸潮强度急剧增大，咸界明显上移，咸潮灾害连年发生（图3.1-8和图3.1-9）。特别是2004~2005年、2005~2006年连续两个枯水期，珠江流域干旱严重，咸潮影响范围从珠海（澳门）扩大到广州、东莞、中山大部分地区，甚至佛山南海区也受到影响，受影响人口近1500万，面临"守着珠江无水饮"的局面，其中，2004~2005年枯水期，珠海（澳门）连续32天无法正常取水，珠海平岗泵站最长连续8天氯化物含量超过地表水环境质量标准250 mg/L，最高值达4227 mg/L；2005~2006年枯水期，咸潮活动更强劲，比2004年同期提前15天出现，珠海（澳门）累计无法正常取水达48天，珠海平岗泵站最长连续9天超标，氯化物含量最高值达到6165 mg/L；2011~2012年枯水期同样面临特大咸潮，珠海平岗泵站除2011年10月外，其他月份超标时间均在一周以上，最为严重的是2011年12月连续22天氯化物含量连续24小时超标；中山稳益水厂总超标时数为221小时，并出现最长连续3天24小时氯化物含量持续超标的情况，严重影响水厂正常供水。2012~2018年，随着竹洲头泵站、竹银水库等供水保障工程相继投入使用，同时受枯季来水偏丰的影响，咸潮影响在一定程度上得到缓解，其中，2015~2016年枯水期磨刀门水道马角水闸、平岗泵站、全禄水厂、稳益水厂、横门水道的大丰水厂均无出现咸潮，为2005年以来咸潮影响最小的枯季。2019年以后，珠江流域连续枯季干旱，珠江河口咸潮活动再度活跃，磨刀门水道咸潮影响范围扩大，横门水道重要取水口重新出咸，其中 2022~2023 年枯水期磨刀门水道和横门水道遭遇强咸潮影响，磨刀门水道马角水闸超标 167 天，总超标时数 3059 小时；平岗泵站枯水期超标 138 天，总超标时数 2437 小时；全禄水厂枯水期超标 74 天，总超标时数 847 小时；横门水道大丰水厂超标 50 天，总超标时数 233 小时，以上均为 2005 年以来总超标时间最长的枯季。

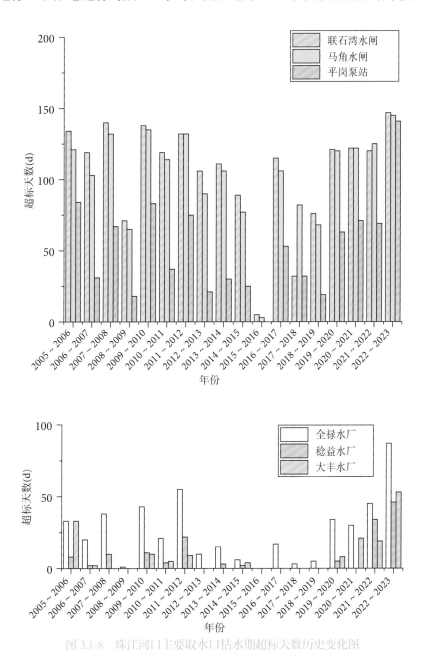

图 3.1-8 珠江河口主要取水口枯水期超标天数历史变化图

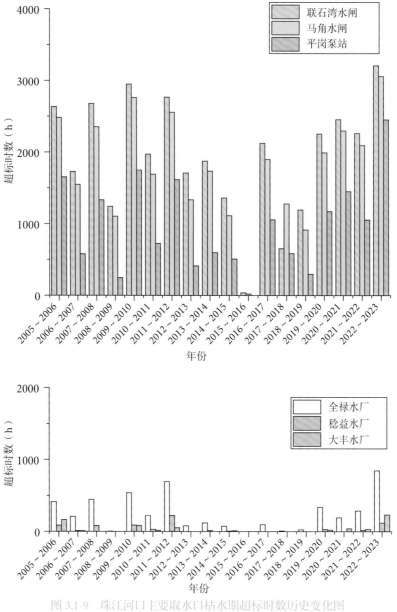

图 3.1-9　珠江河口主要取水口枯水期超标时数历史变化图

　　枯水期平均咸界是指枯水期统计时段内每日氯化物含量 250 mg/L 咸界等值线位置的平均值，每日咸界位置按当日咸潮上溯最远位置与当日咸潮持续超标位置的平均值进行估算。2005~2023 年磨刀门水道的平均咸界位置在挂定角—竹洲头泵站之间相对比较分散，最大平均咸界与最小平均咸界相差 23.87 km（图 3.1-10）。其中，2009~2010 年枯水期平均咸界上溯距离最远，为 24.18 km；2015~2016 年枯水期平均咸界上溯距离最小，仅为 0.31 km，咸潮影响主要在磨刀门水道河口附近；2022~2023 年枯水期磨刀门水道平均咸界为 24.02 km，在 2005 年以来枯水期中排第二。

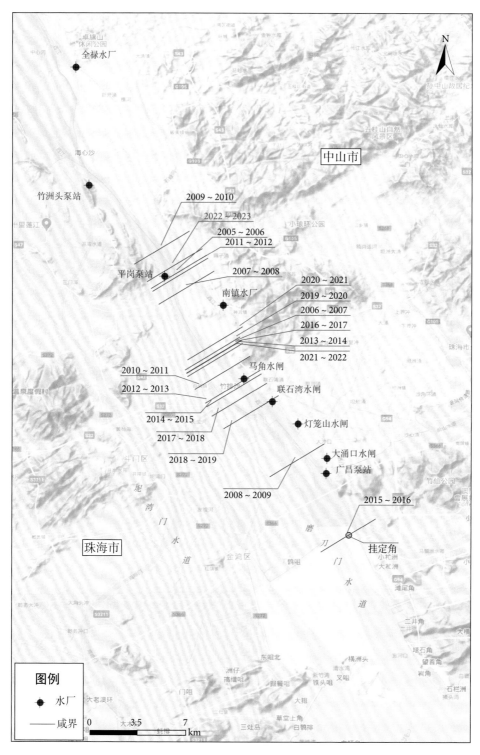

图 3.1-10 珠江河口磨刀门水道 2005 年以来历年枯水期平均咸界位置

2005~2023 年横门水道的平均咸界位于小隐水闸以下，位置相对集中（图 3.1-11）。最大平均咸界与最小平均咸界相差 3.24 km，其中 2022~2023 年枯水期横门水道咸潮影响最大，平均咸界上溯 3.24 km；2015~2016 年枯水期平均咸界上溯距离最小，咸界未存在上溯情况，咸潮影响主要在横门水道河口。

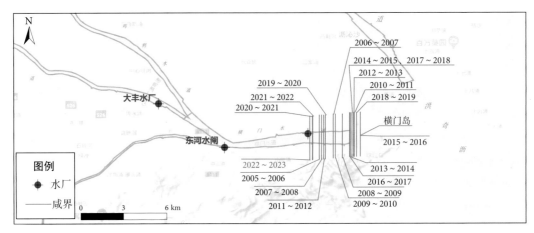

图 3.1-11　珠江河口横门水道 2005 年以来历年枯水期平均咸界位置

纵观珠江口咸潮影响历史，总体呈影响时间延长、影响范围扩大、程度加剧的变化趋势。如磨刀门水道下游的广昌泵站、联石湾水闸，以往一般在每年 9 月份或 10 月份开始出咸，但近年来出咸时间呈逐渐提早态势。其中，联石湾水闸 2020 年提前至 7 月份下旬，广昌泵站 2021 年甚至提前至洪季 6 月份，为有咸情监测记录以来首次。2005 年以来，珠江口咸界总体呈上移趋势，影响范围涵盖多个主要取水口，咸潮影响范围不断扩大。从实测资料看，在上游径流相当的情况下，咸潮上溯距离更远，范围更大。如 2008 年 12 月中下旬上游平均流量 3430 m³/s，磨刀门水道咸界上溯至平岗泵站—竹洲头泵站，但在 2020 年 12 月中下旬上游平均流量比 2008 年同期大 160 m³/s，磨刀门水道咸界上溯至中山全禄水厂以上，上移约 17 km。

近几十年来，珠江三角洲咸潮发生频次增多、上溯距离增加、发生时间提前、持续时间延长。新中国成立以来至 1999 年期间珠江三角洲发生严重咸潮的频率约为 7 年 / 次，21 世纪以来其平均发生频率已不足 3 年 / 次；咸潮上溯距离从 20 世纪距口门 50 km，推进到 2020 年的近 70 km；2020 年枯水期和 2009 年相比，上游来水相当，但咸潮平均上溯距离增加了 4.5 km。2021 年珠澳供水系统取水口广昌泵站、联石湾水闸出咸时间分别提前至 6 月 21 日、8 月 3 日（往年一般为 9 月或 10 月上旬），为有记录以来最早；2021 年 9 月开始，东江三角洲开始出现咸潮，较有记录以来最早提前 3 个月，之后取水口含氯度连续突破历史极值，直至 2022 年 3 月才有所缓解，持续时间接近 6 个月。

根据东莞自来水厂的调研结果，近年来东江三角洲网河咸水界上移明显（图 3.1-12）。

20 世纪 90 年代以前，东江三角洲网河的石龙北的东江北干流水道的咸水界在南洲至倒运海入口之间河段变动，石龙南的东莞水道的咸水界未上溯越过莞城。十几年来，北干流水道咸水界已越过倒运海入口，上移至中堂大桥－大塘洲一线附近，东莞水道的咸水界上溯到石碣桥－柏洲边一线附近。据位于东莞水道大王洲附近的莞城水厂取水口间隔 1 小时抽样监测情况，枯季时咸潮氯度峰值一般历时 4~5 小时，2011 年 1 月下旬至 2 月中旬（春节前后）咸潮活动最剧烈，春节前后盐度峰值持续时间延长，峰值比平时大，且随潮位涨落的变化规律不明显。

图 3.1-12　近年东江三角洲网河咸水界位置示意图

20 余年来，除 2004 年、2005 年、2009 年和 2021 年外，东江三角洲主要经历影响水厂取水的咸情。表 3.1-1 所示为咸情严重年份枯季上游主要控制断面的平均流量，可见近年博罗、高要站的平均流量均未达到常规压咸流量（高要上游压咸流量为 2500 m^3/s，博罗站压咸流量为 320 m^3/s）。图 3.1-13 所示为咸情严重年份东莞市第二水厂的原水含氯度变化情况，2004 年和 2005 年咸潮影响的时长均为 5 天左右，而 2009 年底的咸情有两次峰值，总影响时长达 15 天。由此可见，咸潮的活动与上游来流量较小直接相关。

表 3.1-1　咸情较严重年份上游来流量

年份	枯季时段平均流量（m^3/s）		
	高要	石角	博罗
2004	2267	275	188
2005	1923	490	247
2009	1616	382	298

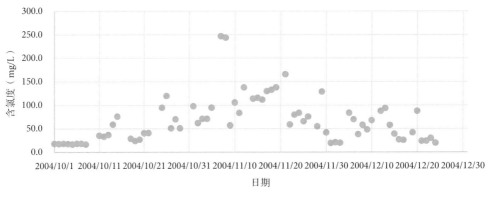

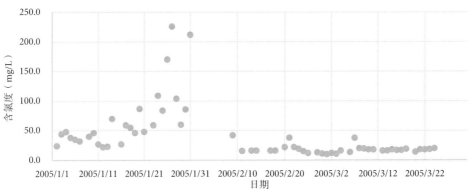

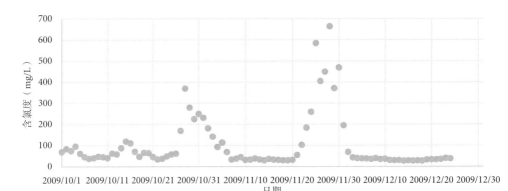

图 3.1-13　咸情严重年份东莞市第二水厂含氯度变化情况

3.2　珠江口主要生物类群历史变化

珠江口生境中生活着多种水生生物，如浮游动植物、底栖动物、鱼类等，它们之间形成相对稳定的食物链和食物网，是珠江口水生态系统保持稳定的关键因素。

水生生物对环境变化具有敏感性和指示作用，种群类别、数量和密度等参数可有效反映生态系统时空变化特征。随着珠江口经济开发强度增大，人类活动更加频繁，沿海地区及附近海域水质和环境不断变化，生物群落组成和结构受到影响。本节以生物类群为重点，将实地调查与历史资料结合，探究珠江口水生生物演变规律。

磨刀门是珠江口八大口门之一，其分水量和分沙量为八大口门之最大，而潮差最小，是典型的以河流作用为主的河口。近年来水质状况良好，处于Ⅱ～Ⅲ类水之间，高锰酸盐指数无显著变化，氨氮、五日生化需氧量、氯化物均呈上升趋势，增长率为9%~11%，口门内分布的潮间带是生物多样性较高的区域。在磨刀门平岗、联石湾和珠海大桥分别设置3个监测断面，于2015年11月（枯水期）和2016年4月（丰水期）进行水生生物调查分析，并与2020年数据相比较，探究浮游生物的历史变化。

3.2.1 浮游植物历史变化

磨刀门两期监测共检出浮游植物硅藻、绿藻、裸藻、蓝藻、隐藻、甲藻共6门60种。其中，绿藻门种类最多，有24种，占藻类种类总数的40%；其次是硅藻门，有23种，占藻类种类总数的38%；蓝藻门7种，占藻类种类总数的12%；裸藻门3种，占藻类种类总数的5%；甲藻门1种，占藻类种类总数的2%；隐藻门2种，占藻类种类总数的3%。由此可见，磨刀门水道的绿藻门、硅藻门种类较多，符合河口地区的浮游植物种类结构特点。

从优势种群来看，中肋骨条藻和小环藻、平裂藻分别在两月的浮游植物组成中占有较大的优势（表3.2-1）。其中，中肋骨条藻为典型的海洋种类，尤以沿岸分布最多，经常成为优势种类。因此，该种类占优势与海洋潮流上溯有关。而小环藻和平裂藻是常见的浮游植物种类，它容易在营养水平较高的环境中占据优势。

表 3.2-1 各监测断面浮游植物的优势种群类

监测断面		平岗	联石湾	珠海大桥
枯水期优势度	中肋骨条藻	59%	64%	66%
丰水期优势度	小环藻	29%	21%	
	平裂藻			44%

从丰度来看，两期监测中浮游植物丰度变化范围为 0.99×10^5 ~ 4.15×10^5 cells/L（图3.2-1），丰水期丰度显著高于枯水期，这可能与较高的水温和较低的盐度有关。从空间分布来看，各断面丰度呈从上游向河口方向增加的趋势。特别是在枯水期，靠近河口的珠海大桥断面受潮流上溯影响较大，海水挟带的中肋骨条藻在该断面丰度较

高，达到 1.83×10^5 cells/L，是其他两个断面的 2~3 倍。从群落结构来看，两期监测的浮游植物群落结构大都为硅藻—绿藻型；而丰水期的珠海大桥断面则以蓝藻门（平裂藻）占优势，为蓝藻—绿藻型结构（图 3.2-2）。

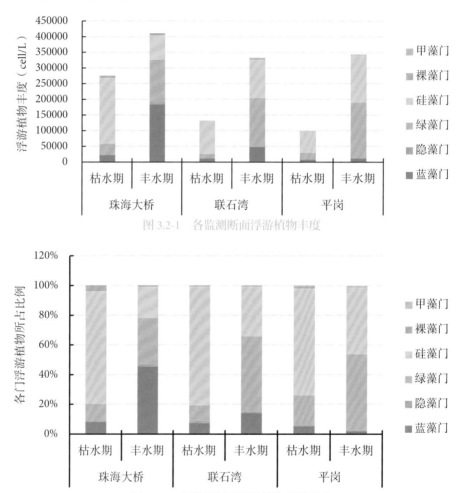

图 3.2-1　各监测断面浮游植物丰度

图 3.2-2　各监测断面浮游植物群落组成

与 2020 年调查结果相比，监测到浮游植物种类由 6 门 60 种减少到 3 门 26 种，其中，绿藻门减少数量最多，由 24 种锐减至 3 种；蓝藻门由 7 种减少至 1 种；而裸藻门、甲藻门和隐藻门在 2020 年均未检出（图 3.2-3）。浮游植物多样性与前述总磷历史变化趋势基本一致。该结果表明，浮游植物多样性在 2015~2020 年间有所下降，受水质影响较大。广东省生态环境厅发布的《2020 广东省生态环境状况公报》显示，2011~2020 年珠江口历年浮游植物生物多样性指数呈波动上升趋势，2019 年达到 3.7，水生态状况良好，然而 2020 年急剧下降至 0.8，表明区域水生态恶化，物种多样性减少，与该时期富营养化现象有直接关系（图 3.2-4）。总体而言，浮游植物在不同水文阶段差异较大，受水量和水质双重因素共同影响。

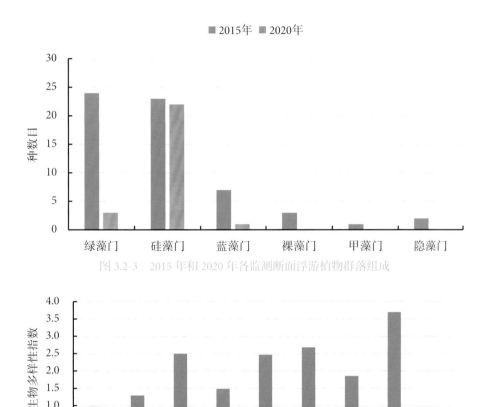

图 3.2-3 2015 年和 2020 年各监测断面浮游植物群落组成

图 3.2-4 珠江口历年浮游植物生物多样性指数

3.2.2 浮游动物历史变化

磨刀门三个断面在枯水期、丰水期监测到浮游动物共 4 类 19 种。其中原生动物 5 种，占浮游动物种类数的 26%；轮虫 10 种，占浮游动物种类数的 53%；桡足类 3 种，占浮游动物种类数的 16%；枝角类 1 种，占浮游动物种类数的 5%。

从丰度组成来看，三个监测断面枯水期均显著高于枯水期（图 3.2-5）。在枯水期，除联石湾外，其他监测点位以原生动物为优势种群；丰水期则以桡足类为优势种群。与 2020 年调查结果相比，监测到浮游动物种类由 4 类 19 种增加到 42 种，其中，原生动物和轮虫类分别增加了 9 种和 10 种，表明浮游动物多样性大大增加。然而，由于采样监测月份不同，而水量对浮游生物种群影响较大，以上数据仅供参考。

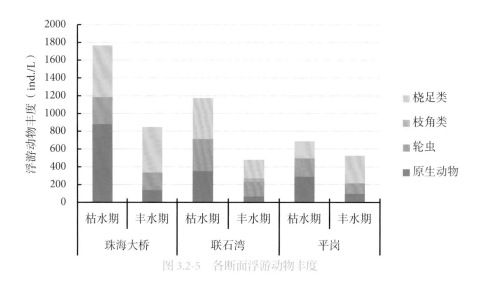

图 3.2-5　各断面浮游动物丰度

《2020 广东省生态环境状况公报》显示，2011~2020 年珠江口历年浮游动物生物多样性指数持续波动，2014 年、2019 年和 2020 年均高于 3.0，生态系统状况良好（图 3.2-6）。可见珠江口浮游动物与植物相似，均受水量和水质等水文条件影响。

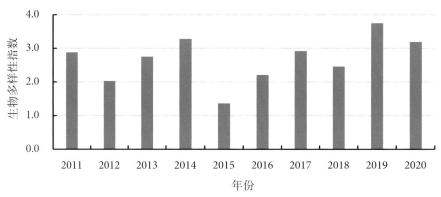

图 3.2-6　珠江口历年浮游动物生物多样性指数

3.2.3　底栖动物历史变化

底栖动物历史变化以 2015 年、2020 年的实地调查结果为主，收集补充资料来自 2015 年及 2022 年珠江口区域的调查结果 (彭松耀 等，2019; 沈周宝，2023)。

2015 年，磨刀门三个断面在两期监测中采集到河蚬、湖球蚬、沙蚕、万目腮蚕、短沟蜷、相手蟹等河口地区常见种类。而现场定性调查发现，河道两旁的滩涂上还栖息着大量的蟹类和弹涂鱼。2015 年珠江口各站位大型底栖动物密度的变化范围在 8 ~ 1192 ind./m^2，密度低值出现在洪奇沥（11 月），为 8 ind./m^2，其次是横门（1 月）、洪奇沥（4月）、虎跳门（5月）和崖门（11月），均为32 ind./m²。洪奇沥和横门的大型底栖动物年平均密度较低，分别为149 ind./m²和157 ind./m²。珠江口大型底栖动物密度的高值出现在崖门（6月和9月）以及虎跳门（9月）：崖门的密度高值分别为1192 ind./m²和1048 ind./m²，虎跳门的密度高值为1048 ind./m²。凸壳肌蛤、日本大螯蜚和彩虹明樱蛤是崖门的大型底栖动物密度的主要贡献种。日本大螯蜚、彩虹明樱蛤和中华拟亮钩虾是虎跳门大型底栖动物密度主要贡献种。珠江口不同月份大型底栖动物密度均值在192～481 ind./m²，其中密度均值最高出现在6月，为481 ind./m²，其次出现在9月，为476 ind./m²。密度均值的低值出现在11月，为192 ind./m²。

2015年珠江口大型底栖动物的生物量变化范围在0.02～42.50 g/m²，生物量的高值出现在崖门（9月）、鸡啼门（5月）、磨刀门（2月和3月）、蕉门（4月），上述点位的生物量均大于30.00 g/m²。缢蛏、光滑河篮蛤、凸壳肌蛤是崖门生物量主要贡献种，日本大螯蜚是鸡啼门生物量主要贡献种，黑龙江河篮蛤、河蚬和中华栉孔虾虎鱼是磨刀门生物量主要贡献种。珠江口不同月份大型底栖动物生物量的均值在0.47～11.79 g/m²，其中，高值出现在3月和4月，分别为10.29 g/m²和11.79 g/m²；低值出现在1月、10月、11月，分别为0.58 g/m²、0.46 g/m²、0.72 g/m²。该结果与磨刀门一致（图3.2-7），枯水期的生物量低于丰水期，且种类较为单一，以河蚬为主。

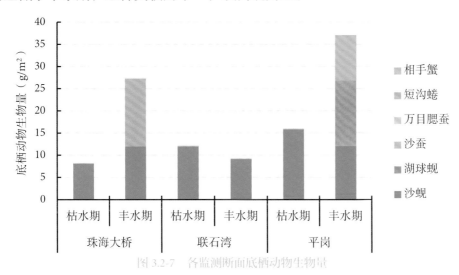

图 3.2-7　各监测断面底栖动物生物量

2022年不同月份珠江口区域底栖动物的调查研究显示，4月采集的大型无脊椎动物种类最多，为11门66种，其次是8月的7门53种，种类最少的是1月的6门39种（沈周宝，2023）。从物种来看，环节动物门出现频率最高，达到86%；其次是软体动物和节肢动物，分别为43%和39%；另有出现频率高于20%的棘皮动物、脊索动物和纽形动物。由于珠江口沉积物空间异质性较强，而上述研究的采样区域不完全一致，因此物种的种类和丰度有所差别，但结果显示的趋势基本一致，即丰水期的底栖动物种类和数量都比枯水期更丰富。

广东省生态环境厅发布的《2020 广东省生态环境状况公报》显示，2011~2020 年珠江口历年大型底栖生物多样性指数呈波动下降趋势，从 2011 年的 3.39 下降至 2020 年的 1.39，其中 2014 年为 0，2018 年为 0.61（图 3.2-8）。该结果一定程度上可能受调查时间的影响，但总体下降的趋势表明区域水生态环境尤其是水体底部沉积物质量逐渐恶化，生态系统稳定性不佳。综上所述，珠江口底栖动物与空间因素关系较为密切，并在一定程度上受水文阶段的影响。

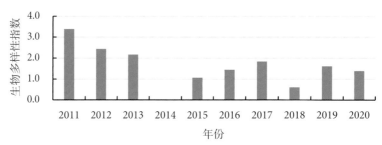

图 3.2-8　珠江口历年大型底栖生物多样性指数

 ## 3.3　珠江口保护治理重要行动

国家和地方高度重视粤港澳大湾区的生态环境保护，在水环境污染防治和治理方面，中共中央、国务院、水利部、生态环境部、粤港澳大湾区建设领导小组办公室、广东省和地方各级单位先后出台了一系列政策和法律法规，各城市和地区政府之间也进行多形式的双方、多方合作，联合开展水污染攻坚和环境保护工作，从规划、管理、方案等层面保障区域水环境安全，为地区经济平稳快速发展助力。本节从水环境污染防治政策、法律法规及治理行动三个层面分别总结，以时间为主线，细致梳理珠江口区域治理相关文件，为探讨治理政策行动与污染历史变化联系做铺垫。

3.3.1　水环境保护治理相关政策

与珠江口相关的水环境保护治理政策可分为国家层面和地方合作层面（图 3.3-1 和图 3.3-2 ）。2015 年国务院制定了《水污染防治行动计划》，将珠江口列为重点整治的河口海湾，并将珠江流域列为重点流域污染防治的工作范围。粤港澳大湾区在近岸海域环境治理方面通过制定区域性规划、签署协议等手段，着力解决污染问题，全面提升大湾区生态环境质量，为可持续发展创造清洁、健康的自然环境。

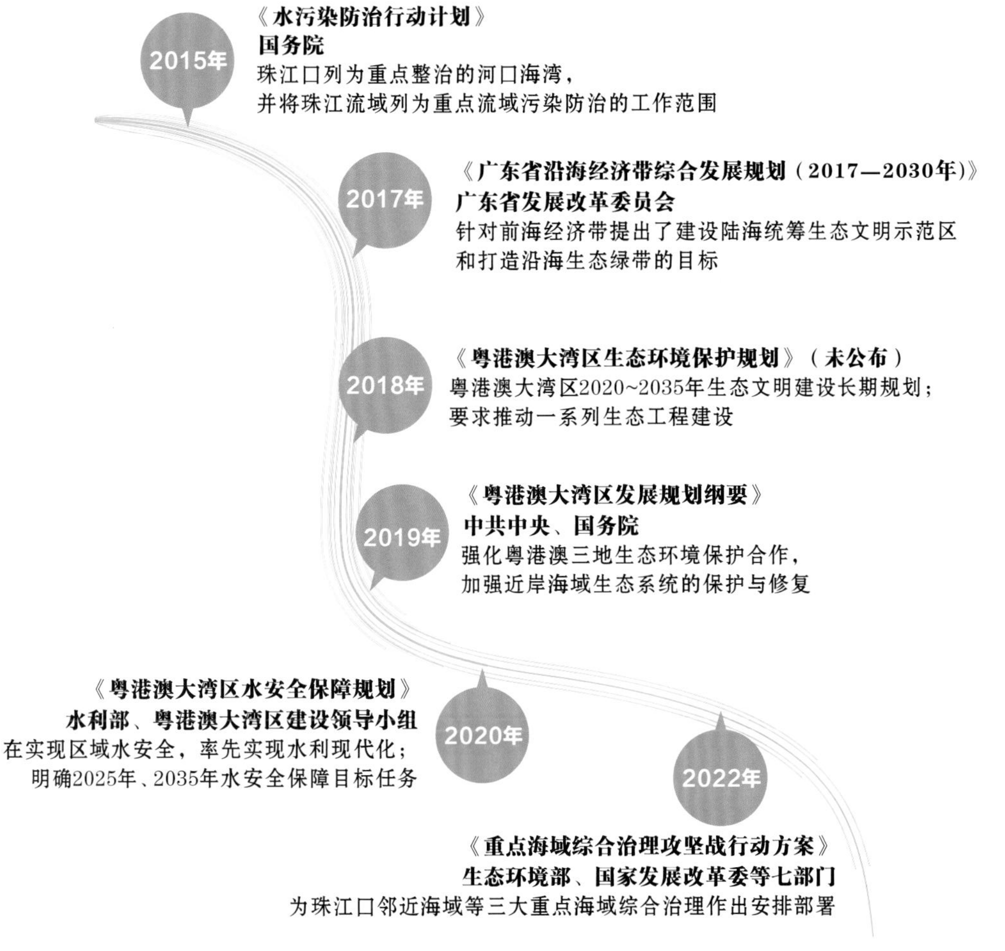

2015年　《水污染防治行动计划》
国务院
珠江口列为重点整治的河口海湾，
并将珠江流域列为重点流域污染防治的工作范围

2017年　《广东省沿海经济带综合发展规划（2017—2030年）》
广东省发展改革委员会
针对前海经济带提出了建设陆海统筹生态文明示范区
和打造沿海生态绿带的目标

2018年　《粤港澳大湾区生态环境保护规划》（未公布）
粤港澳大湾区2020~2035年生态文明建设长期规划；
要求推动一系列生态工程建设

2019年　《粤港澳大湾区发展规划纲要》
中共中央、国务院
强化粤港澳三地生态环境保护合作，
加强近岸海域生态系统的保护与修复

《粤港澳大湾区水安全保障规划》
水利部、粤港澳大湾区建设领导小组
在实现区域水安全，率先实现水利现代化；
明确2025年、2035年水安全保障目标任务　**2020年**

2022年
《重点海域综合治理攻坚战行动方案》
生态环境部、国家发展改革委等七部门
为珠江口邻近海域等三大重点海域综合治理作出安排部署

图 3.3-1　珠江口水环境防治相关政策（国家层面）

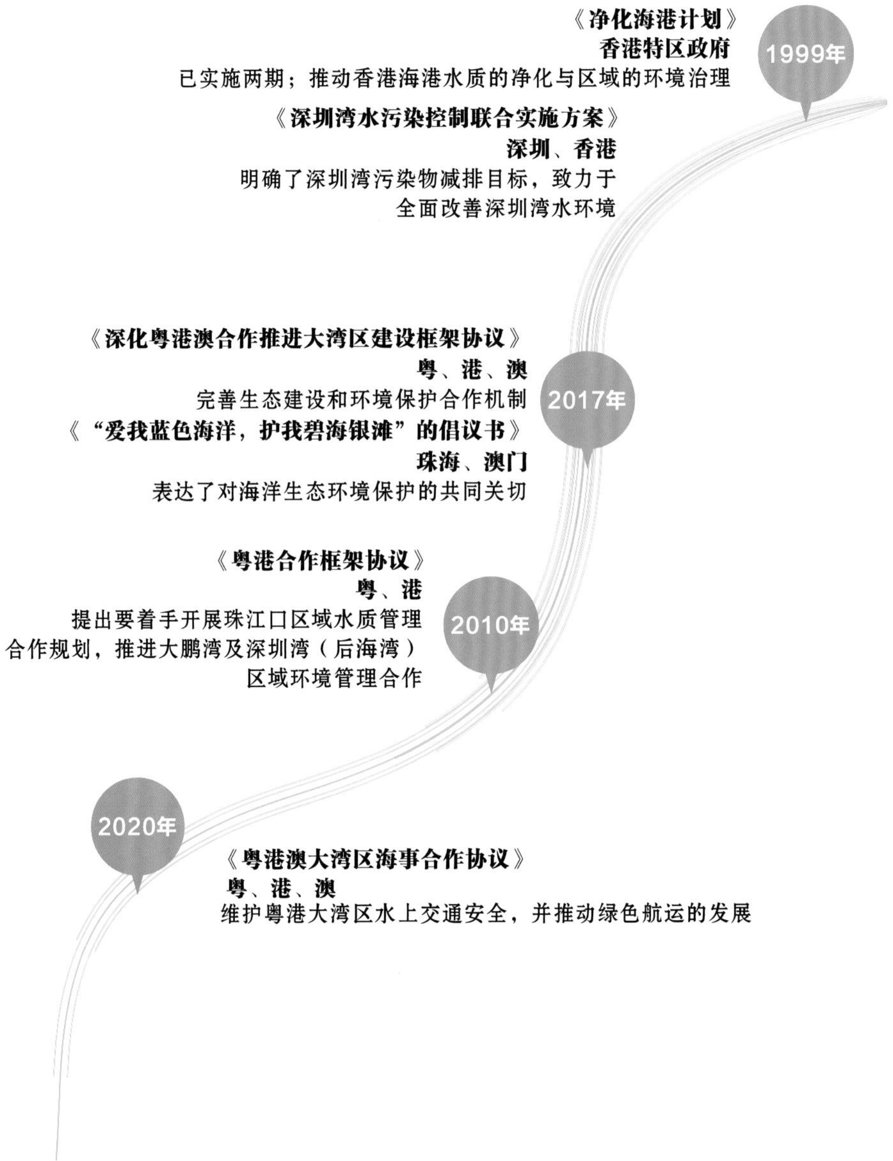

《净化海港计划》
香港特区政府
已实施两期；推动香港海港水质的净化与区域的环境治理

《深圳湾水污染控制联合实施方案》
深圳、香港
明确了深圳湾污染物减排目标，致力于
全面改善深圳湾水环境

《深化粤港澳合作推进大湾区建设框架协议》
粤、港、澳
完善生态建设和环境保护合作机制
《"爱我蓝色海洋，护我碧海银滩"的倡议书》
珠海、澳门
表达了对海洋生态环境保护的共同关切

2017年

《粤港合作框架协议》
粤、港
提出要着手开展珠江口区域水质管理
合作规划，推进大鹏湾及深圳湾（后海湾）
区域环境管理合作

2010年

2020年

《粤港澳大湾区海事合作协议》
粤、港、澳
维护粤港大湾区水上交通安全，并推动绿色航运的发展

图 3.3-2　珠江口水环境防治相关政策（地方合作层面）

　　粤港澳大湾区近岸海域环境合作治理方面的区域性规划在促进生态环境保护方面发挥着关键作用。2019 年，中共中央、国务院印发《粤港澳大湾区发展规划纲要》，要求强化粤港澳三地生态环境保护合作，共同致力于改善生态环境系统。规划明确加强近岸海域生态系统的保护与修复，特别强调湿地保护修复，并提出全面保护区域内的重要湿地，推动滨海湿地跨境联合保护。这一规划基于总体战略部署，为构建更加健康、可持续的生态环境奠定了基础。在此背景下，2020 年，水利部、粤港澳大湾区建设领导小组办公室发布了《粤港澳大湾区水安全保障规划》。该规划旨在实现区域

水安全，率先实现水利现代化。规划以湾区水情为依据，聚焦薄弱环节和关键短板，明确了 2025 年、2035 年的水安全保障目标任务。规划从构建供水保障网、防洪减灾网、绿色生态水网、智慧监管服务网等方面出发，为粤港澳大湾区当前和未来水安全保障工作提供了详实的指导。与此同时，2018 年开始编制的《粤港澳大湾区生态环境保护规划》已完成，虽未对外公开，但被确定为粤港澳大湾区 2020~2035 年生态文明建设长期规划。该规划要求推动一系列生态工程建设，如海岸整治与修复工程、实施入海河流总氮总量控制等，以促进湾区的可持续发展。同时，《广东省沿海经济带综合发展规划（2017—2030 年）》针对广东省沿海经济带进行了规划，提出了建设陆海统筹生态文明示范区和打造沿海生态绿带的目标。这些规划旨在应对珠三角沿海城市的发展与保护需求。香港特区政府也积极参与生态环境保护，制定了《净化海港计划》。该计划已经实施两期，旨在推动香港海港水质的净化与区域的环境治理。香港的行动为整个大湾区的环境保护提供了有力的支持和范例。综合而言，粤港澳大湾区在近岸海域环境治理方面通过区域性规划、协议等手段，积极推动生态环境保护工作。这些规划为大湾区可持续发展提供了坚实基础，体现了对生态环境的高度关注和承诺。

粤港澳大湾区近岸海域环境合作治理得到了相关区域性协议的积极支持。回溯至 1999 年，深圳和香港双方签署了具有历史意义的《深圳湾水污染控制联合实施方案》。明确了深圳湾污染物减排目标，致力于全面改善深圳湾水环境。2016 年，进行了第二次回顾研究，为制定更为有效的环境治理方案提供了数据支持。2010 年，粤港两地签署了《粤港合作框架协议》，其中明确提出要着手开展珠江口区域水质管理合作规划，该协议积极推进大鹏湾及深圳湾（后海湾）区域环境管理合作，旨在实现共同建设跨界自然保护区和生态廊道，通过建立海洋环境监测和灾害预防合作机制，深化海洋生态修复合作，并共同努力保护海洋生物多样性，从而推动两地环境治理水平的提升。2017 年，粤港澳三地再次共同签署了《深化粤港澳合作推进大湾区建设框架协议》，其中提到完善生态建设和环境保护合作机制。同年 6 月，珠澳双方更是共同发起了"爱我蓝色海洋，护我碧海银滩"的倡议书，表达了对海洋生态环境保护的共同关切。在这一系列积极合作的背景下，粤港澳大湾区海事局、香港海事处、澳门海事及水务局在 2020 年共同签署了《粤港澳大湾区海事合作协议》，为三地建立了稳定的协同机制，共同致力于维护粤港大湾区水上交通安全，并推动绿色航运的发展；协议还强调了水上突发事件的指挥协调，以及联合开展搜寻救助等方面的合作，以维护大湾区水上交通的整体安全。通过签署这些协议，粤港澳大湾区在海洋环境保护、海洋产业和其他领域的合作不断深化，在优势互补的基础上更好地把握机遇。这种务实高效的合作有助于促进两地经济的协同发展，同时为环境保护事业注入了强大的动力，也展现了各方在构建绿色、可持续大湾区的决心与行动。

为推动大湾区的生态环境保护工作，生态环境部、国家发展改革委等七个部门联合印发了《重点海域综合治理攻坚战行动方案》，为珠江口邻近海域等三大重点海域综合治理作出安排部署。该方案设定了明确的指标和时间表，要求在 2025 年前将珠江口海域水质达到优良（Ⅰ、Ⅱ类）比例提升 2 个百分点左右。通过稳步推进入海排污口排查整治，基本消除主要河流入海断面水质劣Ⅴ类，有效保护滨海湿地和岸线。同时，方案明确提出要显著提升海洋环境风险防范和应急响应能力，塑造一批具有全国示范价值的美丽海湾。据此，方案部署了四方面的主要攻坚任务，分别为陆海污染防治、生态保护修复、环境风险防范、美丽海湾建设。在陆海污染防治方面，将实施七个专项行动，包括入海排污口排查整治、入海河流水质改善、沿海城市污染治理、沿海农业农村污染治理、海水养殖环境整治、船舶港口污染防治以及岸滩环境整治。在生态保护修复方面，将开展海洋生态保护修复专项行动，特别注重推进珠江口邻近海域滨海湿地和岸线的保护修复工作，同时，还将加强区域珍贵濒危物种及其栖息地的保护，以及对渔业资源的保护。在环境风险防范方面，方案要求实施涉海风险源排查检查、环境风险隐患整治、海洋突发环境事件应急监管能力建设等重要措施，以提高海域的环境安全性。最后，在美丽海湾建设方面，方案明确了"一湾一策"的海湾综合治理措施，推动美丽海湾的建设，并实施海湾生态环境的常态化监测监管。这一系列综合治理方案为实现大湾区的生态环境保护目标提供了科学有效的指导，展示了政府对生态文明建设的高度关注和积极行动。

3.3.2　水环境保护治理相关法规

广东省生态环境厅和广东省海洋与渔业厅共同发布了《广东省近岸海域污染防治实施方案（2018—2020 年）》，旨在推动粤港澳大湾区近岸海域环境的持续改善，并强调构建该区域的海岸带生态安全格局。方案要求粤港澳三地协同建立防治协调机制，重点推动海漂垃圾源头治理及监测，并提出建立湾区近岸海域的重大污染事件通报机制、区域潜在环境风险评估、预警及应急响应制度以及信息共享机制。为了实现入海污染物总量的有效控制，方案明确了在海域水环境质量较差的地区，推动排污总量控制制度的建立，同时，规划布局入海排污口时将综合考虑水环境容量不足和海洋资源超载区域，实施限制性措施，以减少陆源污染物排放入海，全面推动海域水环境质量的持续改善。广州市也发布了《2020 年广州市近岸海域污染防治联合行动方案》。该方案通过生态环境部门与海监、海事、海警等多个执法队伍的协作，建立了跨部门海洋生态环境保护管理与执法协调机制。在跨境合作方面，内地与香港签署了多项实施方案，包括《香港废弃物跨区倾倒管理实施方案》和《香港惰性拆建物料在内地海域处置管理实施方案》。此外，国家海洋局和香港特区环境运输及工务局于2004年签署的《香港废弃物跨区倾倒管理工作合作安排》也为在跨区倾倒香港疏浚废弃物等事宜上提供了紧密合作和沟通的基础。《关于加强我省海洋自然保护区执法工作的意见》提出加强渔政、保护区管理机构和海事、公安、边防、财政等相关部门的协调联动，通过"雷霆2017""护渔2017"等专项行动，全面推动海洋自然保护区的执法工作。地方渔政大队也在保护区设立"联合执勤点"，以确保更有效的保护措施的执行。

　　为了维护海域环境健康、防治海域污染、有效利用海洋资源以促进经济发展，相关部门近年来发布了一系列法规和管理办法，包括船舶污染防治、陆源污染物和海岸工程污染防治等方面。水利部在此背景下发布了《珠江河口管理办法》（水利部令第10号），旨在规范和管理珠江河口地区的水域使用，确保海域环境的持续改善。广州市海洋与渔业局则印发了关于《广州市规范海域使用权续期工作的意见的通知》，旨在推动广州市近岸海域的合理利用和续期管理，以确保海域资源的可持续开发。在此基础上，深圳市也在2018年12月27日修正了《深圳经济特区海域污染防治条例》和《深圳经济特区海域使用管理条例》，为深圳市的海域环境保护提供了法律支持。中山市发布了《2020年中山市近岸海域污染防治联合执法行动方案》，力图通过协同执法行动来应对近岸海域的污染问题。类似地，东莞市发布了《东莞市近岸海域污染防治实施方案（2019—2020年）》，旨在通过具体实施方案来治理近岸海域的污染。惠州市则通过发布《惠州市大亚湾（含考洲洋）海域污染物排海总量控制实施方案》，在控制排海总量方面提出了具体的措施和计划，同时还发布了《东莞市黄唇鱼自然保护区管理办法》，保护和管理珠江口地区的自然生态环境。珠海市则通过《珠海市环境保护条例》（2020修正）、《珠海经济特区海域海岛保护条例》、《珠海经济特区无居民海岛开发利用管理规定》，全面加强了对珠海市海域和海岛的环境保护和可持续开发的管理。江门市发布了《江门市中华白海豚自然保护区管理办法》，为保护白海豚等珍贵物种提供了法规保障。香港方面，通过《海上倾倒物料条例》（香港法例第466章），规定了倾物入海作业的管制和规范，以此来防治海洋污染。该法例还要求进行倾倒物料及其有关的装载运作的人士必须获得环保署的许可证，并对用于海上倾倒物料的船只进行了具体的监察要求。此外，香港还通过多部法规，如《前滨及海床（填海工程）条例》（香港法例第127章）、《船舶及港口管制条例》（香港法例第313章）、《商船（防止及控制污染）条例》（香港法例第413章）、《简易程序治罪条例》（香港法例第228章）等，全面管控陆上及海上的油污污染、船舶或港口倾倒废物入海、乱抛垃圾等违法行为。澳门在2018年7月发布了《海域管理纲要法》，为海域管理提供了相关法律支持，进一步规范了澳门的海域利用和管理。这些法规的发布旨在有效规范相关人员的行为，通过细化、具体的管理措施，促进粤港澳大湾区近岸海域（海洋）环境污染防治，为实现海域环境可持续发展提供法律支持。具体信息如表 3.3-1 所示。

表 3.3-1　珠江口治理相关法律条例

发布地	时间	文件名
内地和香港	2004 年	《香港惰性拆建物料在内地海域处置管理实施方案》
		《香港废弃物跨区倾倒管理工作合作安排》
	2007 年	《香港废弃物跨区倾倒管理实施方案》
香港	1990 年	《商船（防止及控制污染）条例》（香港法例第 413 章）
	1997 年	《海上倾倒物料条例》（香港法例第 466 章）
	1998 年	《前滨及海床（填海工程）条例》（香港法例第 127 章）
	1999 年	《简易程序治罪条例》（香港法例第 228 章）
	2021 年	修订《船舶及港口管制条例》（香港法例第 313 章）
澳门	2018 年	《海域管理纲要法》
东莞市	2016 年	《东莞市黄唇鱼自然保护区管理办法》
	2019 年	《东莞市近岸海域污染防治实施方案（2019—2020 年）》
水利部	2019 年	《珠江河口管理办法》
广东省	2017 年	《关于加强我省海洋自然保护区执法工作的意见》
	2018 年	《广东省近岸海域污染防治实施方案（2018—2020 年）》
惠州市	2017 年	《惠州市大亚湾（含考洲洋）海域污染物排海总量控制实施方案》
广州市	2018 年	《广州市规范海域使用权续期工作的意见的通知》
	2020 年	《2020 年广州市近岸海域污染防治联合行动方案》
江门市	2016 年	《江门市中华白海豚自然保护区管理办法》
深圳市	2018 年	《深圳经济特区海域污染防治条例》和《深圳经济特区海域使用管理条例》修正
珠海市	2020 年	《珠海市环境保护条例》（2020 修正） 《珠海经济特区海域海岛保护条例》 《珠海经济特区无居民海岛开发利用管理规定》
中山市	2020 年	《2020 年中山市近岸海域污染防治联合执法行动方案》

3.3.3　水环境保护治理行动计划

粤港澳大湾区关注近岸海域环境治理的各小组涵盖了多个领域，包括海洋资源护理、水质保护、区域环境管理、林业及护理等专题小组。这些小组在大湾区近岸海域环境治理中扮演着重要的角色，通过协同合作，共同推动具体的合作行动。自 1990 年粤港环境保护联络小组成立以来，粤港澳三地在协同共治框架下，成功应对了多项跨境海洋环境问题，其中涉及的治理工程包括深圳湾治理、大鹏湾治理、珠江口湿地保护、海漂垃圾预警预报和治理、粤澳交界水葫芦治理等。这些项目的顺利实施为整个大湾区的近岸海域环境治理树立了典范。2015 年，广东省人民政府印发《广东省水污染防治行动计划实施方案》，全面落实中央《水污染防治行动计划》各项要求，提出到 2020 年和 2023 年短期、中期目标及具体实施方案，吹响了水污染防治行动的号角。

2018 年，省委办公厅、省政府办公厅联合印发《广东省打好污染防治攻坚战三年行动计划（2018—2020 年）》，再次明确了 2020 年的总体目标，包括完成国家下达的总量减排任务，主要污染物排放总量大幅减少，生态环境质量总体改善等。在水环境质量方面，优良水体比例要明显提升，地表水国考断面水质优良比例达 84.5% 以上；劣Ⅴ类水体和地级以上城市建成区黑臭水体基本消除，重污染河流水质明显好转。

深圳湾作为粤港共管的近岸海域，其污染情况一直是关注的焦点。为了解决深圳湾污染问题，粤港澳于 2009 年建立了珠江河口海漂垃圾预警互通系统和水质数值模型，为深圳湾、大鹏湾、粤澳交界海域的治理提供科学依据，目前已取得良好的治理效果。在粤澳涉海环保合作中，珠海和澳门的环境执法合作显得尤为密切。两地共同协助治理水葫芦污染问题，共同参与横琴区内环境问题的治理。这种区域间的合作加强了海洋环境管理和污染防治，为整个大湾区的环境保护事业贡献了积极力量。

3.3.4　检测技术和监管模式创新发展

我国水体污染物检测技术发展历程按发展水平和重心大致可分为四个阶段：第一阶段是 20 世纪，水体污染物检测主要依赖传统化学分析方法，如重量分析、容量分析、分光光度法等，这些方法在一定程度上可检出污染物，但操作烦琐，耗时较长，灵敏度和准确性有限。第二阶段是 21 世纪以来，随着科技发展，检测技术取得显著进步，针对水体污染物的高效、准确的技术得到快速发展，能够覆盖更广泛的污染物种类，在环境监测和管理中发挥了重要作用，例如色谱技术能够更精确地分离和识别复杂样品中的污染物；质谱联用技术极大地提高了检测灵敏度和准确性；基于传感器开发的生物检测技术能够快速、高效测定水体中的有毒有害物质。第三阶段是 2010 年以来，新一批检测技术推动了水体污染物朝着快速灵敏、自动化的方向发展，为水环境保护和污染治理提供了更有效的支持，例如高分辨质谱技术能够准确识别复杂水样中的污染物，尤其适用于新污染物检测；化学、光学传感器迅速发展，以其便携、快速、原位检测的优势受到青睐；纳米技术极大地提高了样品前处理和检测中的灵敏度和选择性。第四阶段是党的十八大以来，我国环境保护和污染物检测技术得到进一步加强，在新污染物检测、自动监测和在线监测、遥感技术等领域有所突破，极大增强了环保部门对水环境质量的监管能力，为生态文明建设和绿色发展提供坚实的技术支撑。

改革开放以来，我国逐步形成陆海统筹、天地一体、信息共享的水生态环境监管模式，主要体现在三方面：一是建成了完整的水生态环境监测网络，从 1988 年至"十三五"末期，国家地表水环境质量监测网共设置 2767 个监测断面，全面覆盖长江、黄河、珠江、松花江、淮河、海河、辽河七大流域和其他重点河流共 1366 条，以及 139 座重点湖库，组成了发展中国家规模最大的水生态环境监测网络，监测预报预警和信息化能力也跻身世界前列。二是形成了较完备的监测管理体系，从 1974 年全国建设第一批环境监测机构，直到 2008 年原国家环保总局升格为环境保护部并专门设立环境监测司，强化了国家层面的环境监测行政管理，水生态环境领域初步形成"两级五类"环保标准体系，并建立完善了"国家 - 区域 - 机构"三级质量控制体系，监测数据质量准确可靠，从体制机制上有效保证了生态环境监测与评价的独立、客观、公正。三是打造了先进适用的水环境业务体系，1996 年我国开始启动水质自动监测工作，目前已建成了由 1881 个自动监测站组成的国控地表水环境质量自动监测网，并实现业务化运行，"十三五"以来国家地表水断面自动监测率达 90% 以上；监测业务产品也从单一的环境质量报告书逐步向实时数据和预测预报双管齐下的新兴业务体系发展，以上系列举措在水生态环境治理中发挥了重要作用。

3.4　本章小结

　　珠江河口关于水污染治理政策及保护水的重要行动大致分为三个阶段，一是 20 世纪 90 年代之前，周边城市以经济发展为主，对于生态环境的关注程度不高，无论是污染物监测数据，还是相关保护政策法规，均寥寥无几，资料严重缺失。二是 20 世纪 90 年代至 2015 年 3 月首次在国家发改委、外交部、商务部联合发布的文件"一带一路"中提出"大湾区"概念，在经济高速发展的同时，珠江河口周边城市关于污染防治日益重视，城市间的共同行动也日趋频繁。三是粤港澳大湾区成立至今，珠江河口周边城市出台了一系列环境保护条例和管理规定，同时，湾区层面的政策法规对区域的水环境保护提出了更加明确的要求、目标和治理方向，河口水环境治理进入了全新的阶段。按照《广东省打好污染防治攻坚战三年行动计划（2018—2020 年）》中"保好水、治差水"的思路，省政府和各地在"突出抓好水污染治理"的引领下对水污染防治开展了大量工作，包括加强水源地环境保护、强化优良水体保护、改善东江流域水生态环境、消除劣Ⅴ类水体、基本消除黑臭水体、狠抓近岸海域污染整治、加快推进污水处理设施建设、全面加强入河排污口规范化管理以及实施水生态扩容提质等。

　　在《广东省水生态环境保护"十三五"规划》的总结中可以看到，2020 年广东省已高质量完成水污染防治攻坚战目标任务，水生态环境保护主要目标的指标全部完成，地表水质显著改善，包括县级集中式饮用水水源水质 100% 达到或优于Ⅲ类；地表水水质优良比例达到 87.3%；地表水丧失使用功能水体断面比例降低到 0；城市建成区黑臭水体比例小于 10%；化学需氧量和氨氮排放总量显著减少等。而广东省生态环境厅发布的《2020 广东省生态环境状况公报》也显示，全省集中式供水饮用水水源水质达标率为 100%；县级饮用水水源水质以Ⅱ类为主，水质总体优良；国考地表水断面考核评价水质优良率为 87.3%，无劣Ⅴ类断面；省考地表水优良率为 86.3%；国考入海河流断面水质优良率为 74.1%，水质达标率为 81.5%。主要生物类群的历史调查结果显示，无论是浮游动植物还是底栖动物，受季节的影响较大，但由于数据的不系统，难以归纳政策和保护治理行动的作用和效应。

　　由此可见，政策和法律法规实行，以及重要行动落实，在很大程度上保障了粤港澳大湾区乃至广东省的水环境安全和健康，对监测指标污染物具有关键改善作用。与此同时，检测技术和监管模式的阶段性、创新型发展，也为水生态环境保护和治理提供了坚实保障。然而，未列入监测指标考核的污染物，如部分金属、持久性有机污染物、抗生素、微塑料等，也会对水生态环境造成严重影响，这些污染物的排放亟须相关政策和法规予以规范和控制，更需要新技术的推广和产业化应用。

第四章

珠江口水生态环境健康评估

　　生态文明强调人与自然、人与社会和谐发展，建设珠江口水生态文明对粤港澳大湾区现实和未来的发展意义重大。评估典型环境污染风险，是进行决策制定的前提和依据，也是找准环境保护与社会经济发展之间平衡点的必要过程。珠江河口作为大湾区重要组成部分，其水生态环境健康关系到整个大湾区的生态安全。本章由点到面，按照"专项污染物风险评估 - 综合水环境健康评估"的思路，首先针对不同污染物进行专项评估，识别重点控制污染物类别和高风险区域，再采用生命周期影响评估方法（life cycle impact assessment，LCIA），将重点关注污染物的环境影响归类为全球增温潜势（global warming potential，GWP）、光化学烟雾（photochemical ozone creation potentials，POCP）、水体富营养化（eutrophicationss，EU）、水质恶化（water quality，WQ）、潜在健康影响（health toxicity impact，HTI）和生态毒性（aqua-ecological toxicity，AT）六个方面，通过特征化将每个影响类目转化和汇总成统一度量的总环境影响（total environment potential，TEP），从而进行综合健康评估。本章旨在多维度反映珠江口水生态环境健康现状，为政府和有关部门政策制定提供科学依据。

4.1 珠江口水环境污染物风险评估

由于复杂的气候水文条件和密集的人类活动，珠江口汇集了来自珠江流域，尤其是粤港澳大湾区的大量污染物，其中包括金属、持久性有机污染物等风险高、危害大的物质。开展水环境污染物风险评估，科学评判区域典型污染物风险，是全面了解珠江口水生态环境状况、进行综合评估的重要基础。本节根据水体和沉积物中不同污染物类型进行风险专项评估，识别主要污染物及其风险状况，明确污染特征及高 - 中 - 低风险区域，为珠江口生态环境管理提供科学指导。

4.1.1 金属污染风险评估

金属是水环境主要污染物之一，具有毒性、积累性、难降解等特性，可通过食物链富集和传递，对人类和动植物具有持续的潜在威胁。沉积物作为水生态系统重要组成部分，是金属的重要载体。超过90%的金属从水体归趋到沉积物中(Zhang et al., 2017)，其中包括大气沉降、流域侵蚀及人类活动释放等多种来源的金属污染物。同时，受水文条件和底层水理化性质影响，沉积物中金属可进一步释放到水体中，成为水体金属二次污染的重要来源（李贺 等，2023)。随着珠江口沿岸工农业和城市化日益扩张，大量金属污染物汇入河口累积，对生态系统构成巨大威胁，因此，开展针对珠江口沉积物中金属含量和分布特征研究，评价沉积物金属生态风险现状，识别高风险区域，对金属污染精准治理和管理至关重要。

常用的沉积物金属风险评价方法包括潜在生态风险指数法、单项污染指数法、地累积指数法、内梅罗综合污染指数法、污染修正度、富集系数法、污染负荷指数以及脸谱图法等。其中，地累积指数（I_{geo}）法是一种定量评价金属污染程度的方法，它不仅考虑了环境地球化学背景值及人类活动对金属污染的影响，还特别考虑到由于成岩、风化作用等自然地质过程可能会引起的背景值变动，可以直观地看出某元素在某采样点的超标情况，但想要准确选择修正系数 k 较为困难，且仅侧重单一金属。富集指数（EF）法可以有效校正沉积物粒度大小和矿物组成变化对金属含量的影响，通常被用作评估沉积物金属人为污染量化研究的参考，该污染评价方法可以与地累积指数法相互验证，以提高两种评估方法的可靠性和合理性。基于元素丰度和释放能力的原则而提出的潜在生态风险指数（Er）法，被广泛用于分析和评估金属的潜在生态影响，该方法从金属的生物毒性出发，综合考虑了金属的毒性、浓度及迁移转化规律的影响，不仅反映了沉积物中单一金属元素的环境影响，也反映了多种金属污染物的复合效应，但其缺点在于容易忽略各金属之间的加权和拮抗作用 (Acevedo-Figueroa et al., 2006; Jara-Marini et al., 2008; Loska and Wiechuła, 2003; 陈明 等，2015)。考虑到珠江口沉积物历史研究多采用上述 I_{geo}、Er 和 EF 方法，为了准确评价沉积物金属污染现状并与历史数据对比，本研究综合采用这三种评估方法，研究污染现状，进而评估珠江口沉积物中金属的毒性水平和生态风险（表 4.1-1）。

表 4.1-1　不同评价方法风险等级划分

潜在生态风险指数（Er）(Yang et al., 2012)		富集指数（EF）（李旭 等，2024）		地累积指数 (I_{geo}) (Yang et al., 2012)	
<40	轻度	<1	无富集	≤ 0	无污染
40~80	轻中度	1~3	低富集	0~1	轻度污染
80~160	中度	3~5	中度富集	1~2	偏中度污染
160~320	重度	5~10	中度 - 显著富集	2~3	中度污染
>320	极重度	10~25	显著富集	3~4	偏重污染
		25~50	强烈富集	4~5	重污染
		>50	极强富集	>5	严重污染

三种评价方法得出的 Cd、Cr、Co 金属风险空间分布基本一致，由东南向西北方向风险逐渐升高，其中珠江广州段、中山、珠海和澳门沿岸达到最高值（图 4.1-1）。根据潜在生态风险指数划分，Cd 和 Cr 在珠江广州段风险最高，分别达 15.5 和 18.6，Co 在珠江广州段和澳门、珠海沿岸风险最高，达到 30，三种金属均为轻度风险；根据富集指数划分，Cd 和 Cr 在珠江广州段风险最高，分别达 1.28 和 1.54，Co 在珠江广州段和澳门、珠海沿岸风险最高，达到 2.54，三种金属均为低富集；根据地累积指数划分，Cd 和 Cr 在珠江广州段风险最高，分别达到 0.05 和 0.31，为轻度污染，Co 风险最高区域位于珠江广州段和澳门、珠海沿岸，最高值达 1.0，为偏中度污染。三种评价结果综合分析可见，珠江口沉积物中 Cd、Cr、Co 的污染风险较低，但需关注珠江广州段和珠海、澳门沿岸金属的潜在风险。

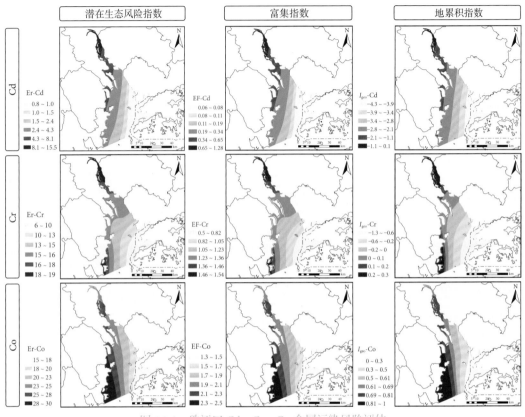

图 4.1-1　珠江口 Cd、Cr、Co 金属污染风险评估

　　综合上述 7 种金属的评估结果，对于 As，总体特征为由西北向东南风险逐渐升高；对于 Cu、Ni、Pb，总体特征为由西北向东南风险逐渐减小（图 4.1-2）。具体而言，As 污染风险最高位于深圳和香港沿岸，潜在生态风险指数最高值达到 26.5，为轻度风险；地累积指数最高值达到 0.82，为轻度污染；富集指数最高值达到 2.03，为低富集。Cu、Ni 和 Pb 污染风险最高均位于珠江广州段，潜在生态风险指数最高值分别达到 48.0、26.5 和 39.6，Cu 为轻中度风险，Ni 和 Pb 为轻度风险；地累积指数最高值分别达到 1.68、0.82 和 1.40，Cu 和 Pb 为偏中度污染，Ni 为轻度污染；富集指数最高值分别达到 3.19、2.19 和 3.5，Cu 和 Pb 为中度富集，Ni 为低富集。2018 年 6 月 Liang 等（2023）通过富集指数对珠江口表层沉积物金属污染状况进行评估，结果表明 Ni、Co 和 Cu 在珠江口沉积物中不同程度地富集，其中 Cu 的富集程度最为显著，表明该地区存在更严重的人为因素造成的 Cu 污染，与本研究结果一致。但 Pb 富集指数最高值仅为 2.2，较本研究结果更低，根据 Cai 等的研究报道，近年来由于产业结构变化，更多的含 Pb 废水流入珠江流域，这可能是导致沉积物 Pb 富集指数上升的原因 (Cai et al., 2024; Liang et al., 2023)。综上，珠江口沉积物中 As 和 Ni 污染风险较低，而 Cu 和 Pb 风险相对较高，重点防控区域为珠江口广州段。

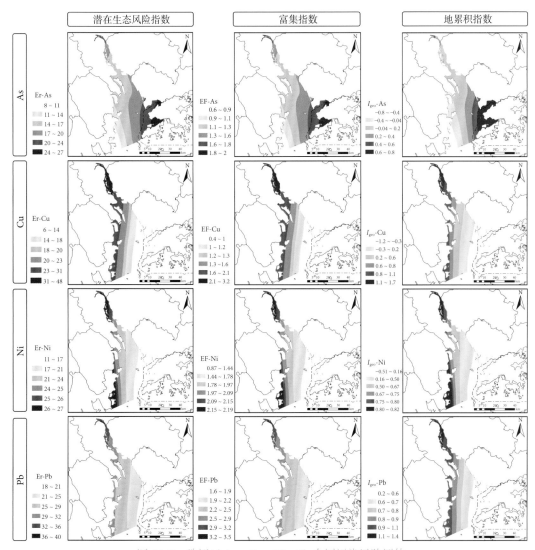

图 4.1-2　珠江口 As、Cu、Ni、Pb 金属污染风险评估

　　通过三种评价方法得出的沉积物金属污染风险空间分布基本一致，从地理位置上看，珠江广州段、中山、珠海和澳门沿岸金属污染风险相对较高，从金属种类来看，Cu 和 Pb 污染风险较高，通过与文献对比研究发现，沉积物 Pb 的污染风险存在上升趋势，且来源可能与人类活动和产业升级有关，有必要进一步开展溯源研究，同时，由于 Pb 污染风险上升所引起的生态环境效应需加强监测。

4.1.2 持久性有机污染物风险评估

持久性有机污染物是指人类合成的能持久存在于环境中、通过生物食物链累积、传递，并最终对人体健康造成有害影响的物质，如多环芳烃、多氯联苯、部分全氟化合物等。它们具有高毒性、持久性、生物累积性、远距离迁移性以及显著或潜在致癌作用。本研究参考美国环保署健康风险评价方法，选用终生致癌风险指数（ILCR）和非致癌风险指数（HI）作为评价指标（中华人民共和国国家卫生健康委员会，2021；宋玉梅 等，2019；朱琳跃 等，2020)，对珠江口表层水 16 种多环芳烃和 PCB-77 可能造成的人类健康风险进行表征（表 4.1-2）。由于水体污染物进入人体主要有饮用摄入和皮肤接触摄入两种方式，本节将以上两种暴露途径产生的风险之和作为最终健康风险。

表 4.1-2　人体健康风险等级划分

终生致癌风险指数（index of lifetime cancer risk，ILCR）		非致癌风险指数（hazard index，HI）	
$<10^{-6}$	致癌风险可忽略	<1	存在非致癌风险
$10^{-6}<ILCR<10^{-4}$	可能存在致癌风险	>1	非致癌风险较小或可忽略
$>10^{-4}$	致癌风险不可忽略		

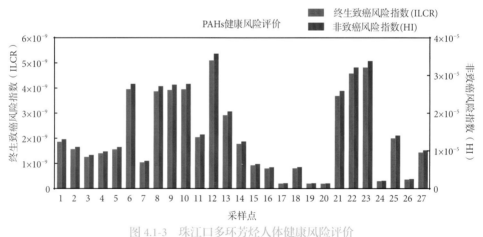

图 4.1-3　珠江口多环芳烃人体健康风险评价

珠江口表层水 16 种多环芳烃致癌风险指数范围在 $2.07\times10^{-10} \sim 5.11\times10^{-9}$，均小于 EPA 规定的致癌风险阈值（$10^{-6}$），表明珠江口多环芳烃对人类造成致癌风险的可能性很小；非致癌风险指数范围在 $1.45\times10^{-6} \sim 3.59\times10^{-5}$，均远小于 1，表明珠江口多环芳烃对人类的非致癌风险可忽略（图 4.1-3）。

选取 PCB-77 作为多氯联苯的代表进行人体健康风险评价。珠江口表层水体中 PCB-77 致癌风险指数范围在 $3.23\times10^{-10} \sim 1.28\times10^{-9}$，均小于 EPA 规定的致癌风险阈值，表明珠江口 PCB-77 对人类的致癌风险在安全范围内；非致癌风险指数范围在 $8.09 \times 10^{-6} \sim 3.21 \times 10^{-5}$，均远小于 1，表明珠江口 PCB-77 对人类非致癌风险可忽略（图 4.1-4）。

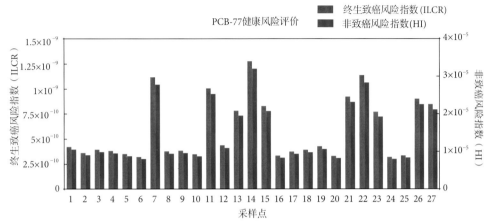

图 4.1-4　珠江口多氯联苯（PCB-77）人体健康风险评价

由于全氟化合物的相关参数较匮乏，仅对全氟癸酸、全氟己酸、全氟壬酸、全氟辛酸和全氟辛烷磺酸盐的非致癌风险进行评估，结果显示非致癌风险指数远小于 1，表明这几种全氟化合物对人类非致癌风险可忽略。

风险熵（risk quotient，RQ）法是一种基于信息熵理论的风险评估方法，通过计算各种不确定性和风险因素的熵值衡量其对风险的贡献程度。该方法将多种不确定性纳入考虑，定量地衡量各因素的贡献程度，并将不同风险因素进行加权评估，能够很好地反映风险的真实性质。因此，本节使用风险熵法评价水中多环芳烃、多氯联苯和全氟化合物的生态风险（表 4.1-3）。

表 4.1-3　生态风险等级划分

风险熵（RQ）	<0.1	0.1<RQ<1	1<RQ<10	>10
风险等级	无风险	低风险	中等风险	重度风险

16 种多环芳烃中，有 9 种存在生态风险（图 4.1-5）。其中珠江广州段至虎门的萘和苊烯存在重度风险，苊、蒽、荧蒽、芘和䓛为中等风险，菲为低风险；伶仃洋水域的萘和苊烯达到重度风险，苊、荧蒽、芘和䓛为中等风险，菲和蒽为低风险。相对而言，深圳、香港附近水域多环芳烃生态风险较低。

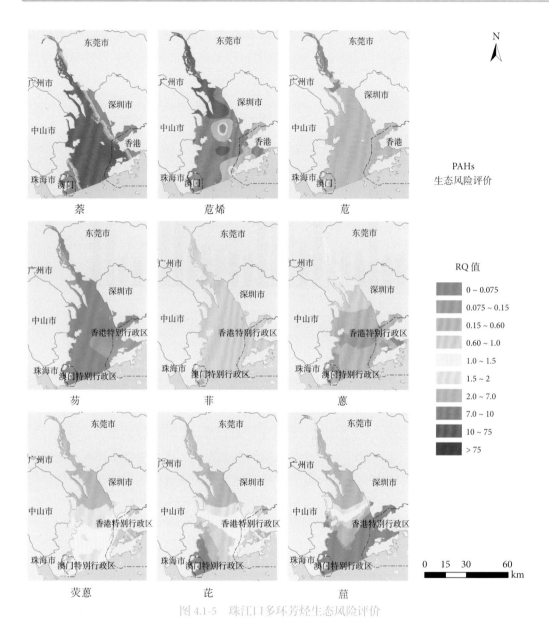

PAHs
生态风险评价

RQ 值

- 0 ~ 0.075
- 0.075 ~ 0.15
- 0.15 ~ 0.60
- 0.60 ~ 1.0
- 1.0 ~ 1.5
- 1.5 ~ 2
- 2.0 ~ 7.0
- 7.0 ~ 10
- 10 ~ 75
- > 75

萘　苊烯　苊

芴　菲　蒽

荧蒽　芘　䓛

图 4.1-5　珠江口多环芳烃生态风险评价

　　PCB-77 在澳门、深圳和香港附近水域存在重度生态风险，其他区域为中等生态风险（图 4.1-6）。多氯联苯主要来源于工业生产，珠江口沿岸城市是主要的输入来源。

　　对全氟癸酸、全氟己酸、全氟壬酸、全氟辛酸和全氟辛烷磺酸盐共 5 种 PFCs 生态风险评估结果显示，全氟癸酸和全氟辛酸的生态风险指数为 0，另外 3 种的 RQ 值如图 4.1-7 所示。中山市附近海域的全氟己酸为低生态风险，由西至东风险逐渐降低；全氟壬酸全域无风险，但在珠江东莞河段接近临界值；全氟辛烷磺酸盐无生态风险。综上所述，持久性有机污染物的重点防控区域为珠江口上游及重点产业所在城市的河口。

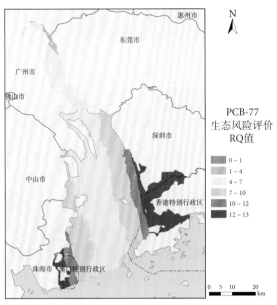

图 4.1-6　珠江口多氯联苯（PCB-77）生态风险评价

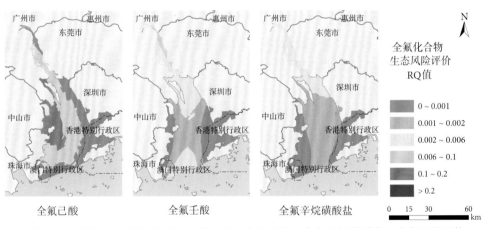

图 4.1-7　珠江口全氟化合物（全氟己酸、全氟壬酸、全氟辛烷磺酸盐）生态风险评价

4.2　珠江口水生态环境健康综合评估

　　珠江口污染物种类多，空间分布不均，部分污染物存在生态和健康风险。以区域为整体考虑，准确评估水生态环境健康风险，是建设美丽大湾区的要求，也是科学制定相关保护政策的前提。本节以典型污染物为代表，分别基于珠江口污染物空间分布

和珠三角社会、经济、生态环境历史变化，从空间和时间维度细致揭示水生态环境健康状况及演变特征，为珠江口水生态环境管理与水安全保障提供理论支持。

4.2.1　水生态环境影响空间分布评估

　　基于2021年走航调查及采样分析数据，采用生命周期影响评估方法（LCIA）将硝氮、氨氮、COD$_{Mn}$、TP、TN、CH$_4$、CO$_2$、N$_2$O、Cu、Zn、Pb、Cd、Ni、Cr、Fe、Mn、Sb、V、Co、As、PAHs、PCBs、PFCs等环境因子指标分别归类于全球增温潜势（GWP）、光化学烟雾（POCP）、水体富营养化（EU）、水质恶化（WQ）、潜在健康影响（HTI）及生态毒性（AT）六大类环境影响。基于美国环保署（US EPA）研究方法，对各类影响因子构建计算方法和模型，并采用层次分析法对各类环境影响生态重要性进行标度，最终形成珠江口GWP、POCP、EU、WQ、HTI、AT及总环境影响（TEP）健康分布图，并对其空间分布贡献程度进行详细分析。

　　LCIA涉及的主要影响类型通常包括资源消耗（包括可再生和不可再生资源消耗）、能量使用、填埋空间消耗、全球变暖影响、同温层臭氧破坏影响、光化学烟雾影响、酸化影响、气溶胶影响、水体富营养化影响、水质影响、潜在健康影响（包括慢性职业健康影响如致癌和非致癌影响、慢性公众健康影响、感官影响）、生态毒性影响（如水生生物和陆生生物影响）等。不同因子可能引发相同的环境影响，而同一因子也可能引发数类环境影响。结合珠江口水环境调查结果，确定环境影响类别及造成这些影响的环境负荷或污染物归类，见表4.2-1。

表 4.2-1　环境影响类别及对应污染物归类

环境影响	具体说明	对应污染物归类
全球增温潜势（GWP）	大气中的CO$_2$等温室气体增加会加剧"温室效应"，从而使全球平均气温升高并引起气候变化	CH$_4$、CO$_2$、N$_2$O
光化学烟雾（POCP）	光化学烟雾由大气中的自由基、碳氢化合物与氮氧化物通过光化学反应产生，如果其产物高度聚集，可能引发健康损伤和植物毒性等问题	PAHs、PCBs
水体富营养化（EU）	由于氮磷含量过多造成的水体富营养化是水质污染的一种常见形式	TP、TN、硝氮、氨氮、COD$_{Mn}$
水质恶化（WQ）	水质恶化影响基于地表水被污染而导致溶解氧的消耗	COD$_{Mn}$、悬浮颗粒物（suspended substance，SS）
潜在健康影响（HTI）	污染物长期性的致癌和非致癌影响	金属、PAHs、PCBs、PFCs
生态毒性（AT）	排放水体中的有害化合物对水生生物的潜在影响，以对鱼类的影响作为参照。	金属、PAHs、PCBs、PFCs

　　采用相关性因子方法计算各污染物分类别的环境影响，并结合层次分析法对不同类环境影响的生态重要性进行标度，最终形成珠江口GWP、POCP、EU、WQ、HTI、

AT 及 TEP 的环境影响效应分布图。

　　珠江口向大气释放 CH_4、CO_2、N_2O，是温室气体的重要排放源。GWP 环境影响空间分布不均，上游珠江广州段的全球增温潜势高达 4.17~6.60，并随着内河至近海方向逐渐下降（图 4.2-1），该分布规律是河口外部影响和水体内部生物地球化学过程共同作用的结果。其中，CO_2 是 GWP 最主要的贡献者，占比高达 80.3%，N_2O 和 CH_4 分别占 16.4% 和 3.3%，这与 Chen 等（2024）的研究结果基本一致，其显示 CO_2、N_2O 和 CH_4 的 GWP 占比分别为 90%，7.2% 和 2.8%。

　　POCP 环境影响是以化合物乙烯（系数为 1.0）为参照物对该效应的贡献量。珠江口 POCP 影响热点出现在下游香港附近水域（图 4.2-2），主要归因于该处较高的 PAHs 和 PCBs 浓度，其中 PCBs 的贡献率高达 94%。类似地，有研究报道珠江口 PCBs 污染主要集中于珠海附近和虎门水域，具有显著陆源性特征，其主要来源于附近联苯胺黄颜料的生产或大量使用（李秀丽 等，2013）。值得注意的是，珠三角大气光化学氧化剂（Ox）超标时有发生，以 O_3 为首要污染物的污染过程占比由 2013 年 33% 增至 2017 年 78%，该情况加剧了珠江口复合超标污染的风险（颜丰华 等，2021）。

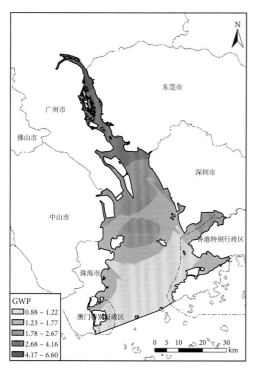

图 4.2-1　珠江口全球增温潜势（GWP）环境
影响分布

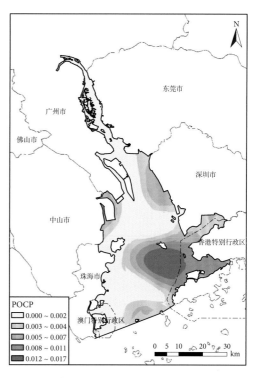

图 4.2-2　珠江口光化学烟雾（POCP）环境影响
分布

珠江口 EU 环境影响呈现"上游高下游低"的特点，上游的营养物质 TN、TP、硝氮、氨氮等浓度普遍高于下游，其中 TN 和氨氮对 EU 占比分别高达 60% 和 26%（图 4.2-3）。由于珠江口承纳了大量来自粤港澳大湾区排放和上游河流输入的营养物质，水体富营养化现象较严重 (Lin et al., 2016)。2019~2022 年广州市环境质量状况公报显示，珠江广州段的西航道、白泥河、石井水河等水体均存在不同程度污染，首要超标污染物指标为氨氮；而珠江口 2022 年水质为劣IV类海水，主要超标指标为无机氮。

水质恶化影响是基于地表水被污染而导致溶解氧的消耗，主要来源于 COD 等有机物污染。珠江口水质影响整体呈现"上高下低，左高右低"分布特征（图 4.2-4），影响高值出现在珠江广州段以及珠海、澳门近岸水体，近岸人为活动对水质影响较大。珠江口经常出现区域性、季节性缺氧 (Qian et al., 2018)，主要是由于生活污水等中有机物耗氧量增加导致径流水体溶解氧浓度降低所致，影响了河口溶解氧浓度分布。

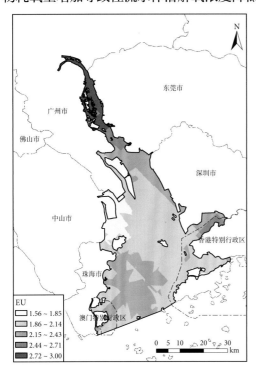
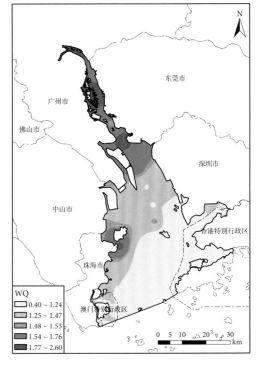

图 4.2-3　珠江口水体富营养化（EU）环境　　图 4.2-4　珠江口水质恶化（WQ）环境影响分布
　　　　　　影响分布

HTI 是指反复暴露在有毒物质的情况下与时间周期相关的影响，主要包括金属及持久性有机污染物带来的潜在健康影响，总体呈现上游高下游低的分布特征，且整体影响值较低（图 4.2-5）。金属形态多变，具有高毒性、不可降解性、低迁移性、生物富集性等特点 (Pekey and Doğan, 2013)，珠江口 Cu、Cd 和 Cr 的 HTI 贡献相对较高，水体及沉积物金属富集可影响水体和沉积物的理化性质，抑制动植物、微生

物等生命活动 (Lv et al., 2014)，并通过食物链传递或人体皮肤接触与呼吸摄入造成危害。而有机污染物也可通过致癌及非致癌效应产生健康影响，但总体影响值较低。

AT 环境影响在珠海沿岸和淇澳岛附近水域较为显著，其次为上游广州段（图 4.2-6），主要归因于较高的 Cu、Cr 和 Cd 金属浓度。以往研究表明，Cd 是珠江口主要的生态风险贡献因子，在双壳类体内出现高富集现象（陈斌 等，2016)。2012年珠江口调查也报道了西岸附近沉积物金属浓度普遍高于东岸，这与本研究 AT 环境影响吻合，Cd 迁移性强，潜在危害等级较高（倪志鑫 等，2016)。

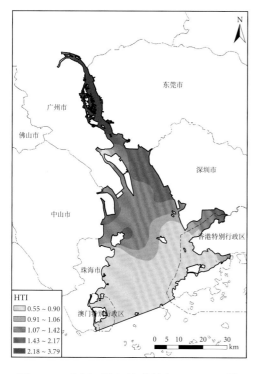

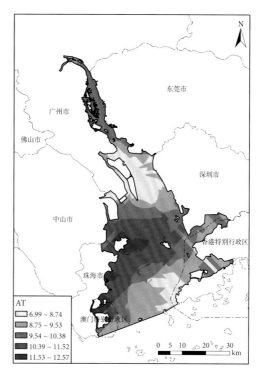

图 4.2-5　珠江口潜在健康影响（HTI）环境
影响分布

图 4.2-6　珠江口生态毒性（AT）环境影响分布

综合上述六种影响所求得的 TEP 影响分布呈现"上游高、多处极值"的特点，总体分布趋势为虎门上游 > 内伶仃洋 > 外伶仃洋及万山群岛附近水域，在淇澳岛周围、深圳、香港交界附近水域均出现高值（图 4.2-7），不同种类环境影响分布平均贡献为 AT > GWP > EU > WQ > HTI > POCP（图 4.2-8）。珠江口不同水域污染物环境影响存在差异性（图 4.2-9 和图 4.2-10），虎门上游的各环境影响贡献排序为 GWP > AT > EU > WQ > HTI > POCP，而河口中下游（包括内伶仃洋、外伶仃洋及万山群岛附近）水域表现为 AT > GWP > EU > WQ > HTI > POCP。因此，应对珠江口水体 AT、GWP、EU 及 WQ 等环境影响重点防控，重点关注区域为虎门上游。

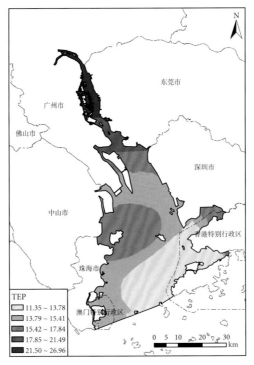

图 4.2-7 珠江口总环境影响（TEP）分布

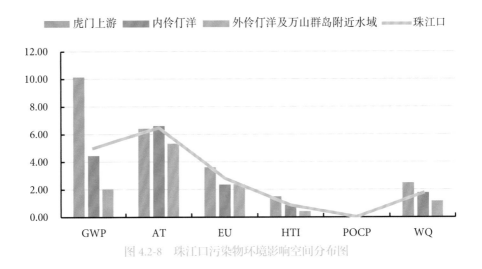

图 4.2-8 珠江口污染物环境影响空间分布图

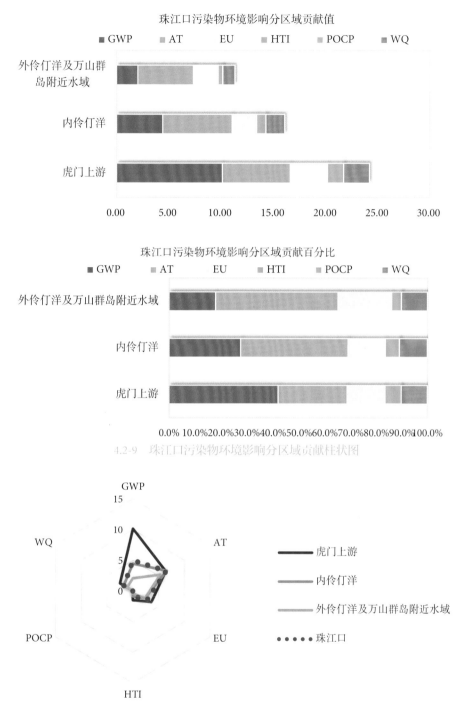

珠江口污染物环境影响分区域贡献值

■ GWP ■ AT EU ■ HTI ■ POCP ■ WQ

珠江口污染物环境影响分区域贡献百分比

■ GWP ■ AT EU ■ HTI ■ POCP ■ WQ

4.2-9 珠江口污染物环境影响分区域贡献柱状图

图 4.2-10 珠江口污染物环境影响分区域贡献雷达图

　　未来要在温室效应及新污染物环境效应方面加强关注。一方面，随着"双碳"目标的提出，珠江口作为温室气体重要的排放源，其温室效应逐得到高度关注，但其释放机制及效应机制仍有待研究（龙苒 等，2023）。另一方面，氮、磷和金属等污染物的

EU 和 AT 环境影响逐渐得到重视 (Chen et al., 2024)，但对于新污染物（包括持久性有机污染物、内分泌干扰物、抗生素、微塑料）的生态影响和健康评估仍十分匮乏，其致毒机理不明晰，毒性效应不明确，生物地化过程仍有待深入探究（王新红 等，2022)。

4.2.2 水生态环境安全历史变化动态评估

本节从珠江口人类-自然耦合的生态环境系统特征出发，应用驱动力-压力-状态-影响-响应（Driver-Pressure-State-Impact-Response，DPSIR）模型构建水生态环境安全评估框架(图4.2-11)。选取社会发展驱动力（D）作为生态安全发生变化的起始指标模块，具体指标为人口、不同产业生产值等；生态环境压力（P）采用城市扩张、污染物排放等指标建立经济社会发展驱动力与生态环境安全状态之间的联系；自然环境状态（S）表现为由人为活动引起的水环境、水生态质量状况外在改变；生态服务影响（I）表示因生态环境质量改变引发的生态系统服务能力变化；最后，政府公众响应（R）是根据河口自然及生态服务功能状况做出相应的政府保护响应，这将引发社会发展内生驱动力改变，推动新一轮生态环境安全过程变化。本研究基于实际监测、遥感解译和资料查阅，耦合上述五维模块共 15 个指标之间的动态关系，对 2007~2020 年珠江口水生态环境安全状况进行历史变化评估，并根据评估结果和模型内部关联性，分析主要驱动影响因素，提出水生态环境保护调控的合理建议（表 4.2-2 和表 4.2-3）。

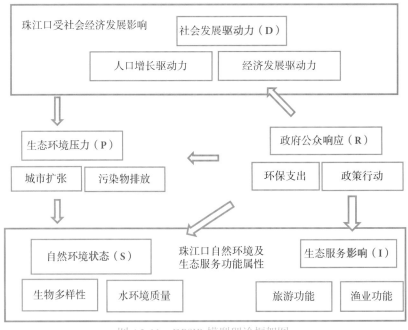

图 4.2-11　DPSIR 模型理论框架图

表 4.2-2　珠江口生态环境安全动态评估模型指标体系

目标层	一级指标	二级指标	三级指标	单位
珠江口生态环境安全评估	社会发展驱动力（D）	人口增长驱动力	人口数量	万人
		经济发展驱动力	第一产业生产值	万元
			第二产业生产值	万元
			第三产业生产值	万元
	生态环境压力（P）	城市扩张压力	建成区面积	公顷
		污染物排放压力	河口 COD 排放量	吨
			河口氨氮排放量	吨
			河口 TN 排放量	吨
			河口 TP 排放量	吨
	自然环境状态（S）	生态质量状态	生物多样性指数	—
		环境质量状态	水环境质量等级	—
	生态服务影响（I）	旅游功能影响	年旅游人数	万人
		渔业功能影响	年海洋捕捞量	万吨
	政府公众响应（R）	环保政策响应	年环保政策数量	—
		环保投入响应	年环保支出占比	%

表 4.2-3　珠江口生态环境安全指数分级标准

生态安全判别指数	等级	生态安全状况
≤ 0.25	I	很不安全，生态环境难以支持社会经济发展
0.25~0.35	II	不安全，生态环境勉强满足社会经济发展
0.35~0.45	III	一般安全，生态环境基本满足社会经济发展
0.45~0.55	IV	较安全，生态环境较适合社会经济发展
≥ 0.55	V	安全，生态环境能完美支持社会经济发展

　　2007~2020 年间，珠江口驱动力 - 压力 - 状态 - 影响 - 响应五维模块评估结果展现了不同程度、不同趋势的变化（图 4.2-12）。社会发展驱动力（D）生态安全分指数不断下降，主要归因于珠江口周围城市人口增长以及产业发展对生态环境承载能力的需求不断提升。生态环境压力（P）生态环境安全指数在 2010 年出现极低值，其下降主要归因于人类生产生活排放有机物、营养物质等污染物，2012 年之后在波动中逐渐趋于稳定。自然环境状态（S）生态环境安全指数年际变化较大，2018 年出现极低值，主要归因于珠江口较差的水环境质量（水质常年处于劣 IV 类）和生境质量，尤其体现在大型底栖生物密度和生物量偏低。生态服务影响（I）生态安全指数总体稳定向好，尽管渔业经济收入有所下降，总体上珠江口沿岸城市旅游产业收入增长可观。政府公众响应（R）生态安全指数总体稳定向好，说明对于珠江口的保护治理在政策导向和经济投入等方面都作出了积极的努力。

综合考虑五维模块动态变化评估结果，珠江口生态安全综合指数由 2007 年的 0.42 提升至 2020 年的 0.53，水生态环境状况呈现一定程度改善，由一般安全转为较安全，较适合社会经济发展要求（图 4.2-13），然而，未来如何应对强烈的人为活动干扰，实现社会经济与生态环境可持续发展仍然是亟须解决的重大问题。

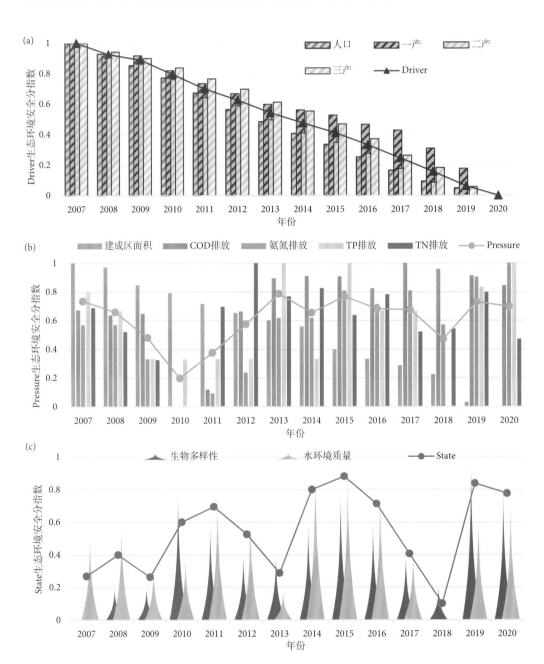

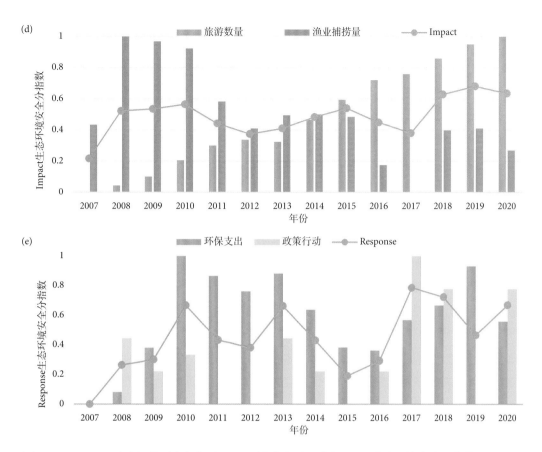

图 4.2-12 DPSIR 动态评估历史变化图：（a）社会发展驱动力（D）生态环境安全分指数；（b）生态环境压力（P）生态环境安全分指数；（c）自然环境状态（S）生态环境安全分指数；（d）生态服务影响（I）生态环境安全分指数；（e）政府公众响应（R）生态环境安全分指数

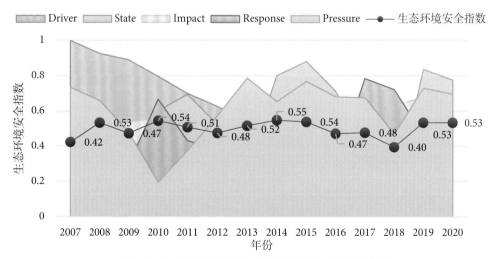

图 4.2-13 珠江口生态环境安全历史变化动态评估图

4.3 本章小结

基于污染物专项评估结果，珠江口金属、持久性有机污染物风险较高，局部指数超过临界值，这与该地区密集的产业分布有关。具体而言，广州至虎门段金属风险评价结果显示，Cu 和 Pb 偏中度污染，风险较高，尤其是 Pb 的污染风险呈上升趋势；有机污染物方面，9 种多环芳烃存在较高生态风险；澳门、深圳和香港附近水域多氯联苯存在重度生态风险，需密切监测。此外，咸潮入侵和底层水缺氧会加剧沉积物中金属的进一步释放，未来污染风险不容小觑。

综合评估结果显示，珠江口污染呈现明显的陆源性特征，上游及近岸环境影响及风险程度更高，这与区域污染负荷高，水环境质量差，富营养化、温室效应强密切相关，特别是上游水体缺氧，有机污染和氮磷污染明显，营养物质过度输入也刺激了温室气体的排放，使得珠江口成为温室气体排放重要的源。从历史演变角度来看，近年来珠江口生态安全综合指数有所提升，生态环境状况呈现一定程度改善，由一般安全转为较安全，较适合社会经济发展要求。珠江口生态环境的改善将为区域可持续发展提供重要支持，通过改善水质、保护生态系统、促进经济发展与环境保护的协调发展，最终实现生态环境与经济发展的互相制衡和良性循环。

第五章 珠江口水生态环境综合认识

　　珠江口是一个复合型区域化的河口生态系统，具有特殊的地理位置和重要的经济地位。随着粤港澳大湾区的迅速发展，各种来源的污染物通过地表径流、沿岸直排、大气干湿沉降等途径进入珠江口，引发一系列水生态环境问题。近年来发布的《中国海洋生态环境状况公报》显示，珠江口是我国近岸海域污染最严重的区域之一，其中水环境污染问题尤为突出。然而，目前珠江口区域污染特征数据不系统，水体污染物迁移转化行为机理不明晰，水生态系统退化与主要环境要素之间的关系未有定论。鉴于河口生态系统的复杂性及其与人类活动的高度相关性，现有的技术手段和决策方法难以全面解决珠江口水环境问题，需要以区域为整体考虑，多维度、多角度、多方法对重点关注污染物的环境行为、生态效应、地球化学过程等深入研究，形成对珠江口水生态环境创新性、综合性认识。本章立足于实验和野外采样数据，针对珠江口水体、沉积物中的典型污染物，从科学研究角度切入，发掘区域新问题，构建分析新方法，了解污染现象背后新机制和内在规律，对营养盐、金属、持久性有机污染物、温室气体和水生态系统响应等科学问题进行深入剖析，对该区域水环境问题、水生态现状和污染物健康风险等方面形成较为全面且清晰的认识。

5.1 营养盐时空演变规律及影响机制

5.1.1 总氮总磷和叶绿素 a 浓度时空变化及演变规律

珠江口区域水道纵横交错，污染物多向汇聚，水质情况不容乐观。对该区域进行大尺度、高精度水质参数测算，对于解析营养盐时空动态变化、明确水质变异驱动因素至关重要。本研究基于高分辨率原位测量数据和 Landsat 8 遥感影像，开发了一种基于随机森林模型的反演算法用于解析珠江口水体叶绿素 a、总氮和总磷浓度时空动态变化，揭示其演变规律并预测水环境变化趋势。

对内河 - 河口 - 近海的营养盐空间分布分析结果显示，2014~2021 年间珠江口叶绿素 a 浓度逐渐减少，空间分布不均，珠江口水域整体营养盐浓度逐渐降低（图 5.1-1）。叶绿素 a 浓度从 2014 年的珠江广州段 < 黄埔水道 < 内伶仃洋 < 外伶仃洋，转变为 2021 年的珠江广州段 > 黄埔水道 > 内伶仃洋 > 外伶仃洋，总体呈现 "从西到东，从北到南" 的扩散模式。总氮、总磷分布趋势与叶绿素 a 相似，其中内河呈现高叶绿素 a、高氮的分布特征。总氮浓度年际波动较小，2014~2021 年呈升高后降低的趋势，其中 2019 年达到极值。总磷浓度逐年下降，年际差异较小。2021 年，总氮和总磷高浓度区主要分布在珠江广州段北部、黄埔水道、内伶仃洋以及外伶仃洋东北部。综合以上三个指标，珠江口近岸水体营养盐浓度呈总体改善、局部恶化的特点，呈河口湾内到河口湾外逐渐减少的分布特征，伶仃洋水质显著改善，珠江广州段呈恶化趋势。

从营养盐的浓度与空间分布来看，总氮是珠江口最主要的营养盐污染类型。这与周边农业发展有关，地表径流携带大量氨氮和硝态氮通过广州段内河进入珠江口导致了氮污染，来自于农业方面的面源污染已经成为珠江流域水污染的一个重要特征。而城市污水经过长期的严格的管控治理，与磷化工有关的工业污水以及含磷洗涤剂废水得到有效治理，珠江口磷污染相对较低。从变化规律看，珠江口海域营养盐浓度呈波动下降且由湾内到湾外逐渐减少的变化特征，这与长江口海域营养盐由近岸向远海逐渐递减的趋势的分布特征相似（何柄震 等，2024）。珠江口和长江口两个河口都处于亚热带，陆地和海洋的物质交换且咸淡水混合，又受径流和潮汐相互影响，这些共同特点导致了水域内的营养盐空间分布的相似性。

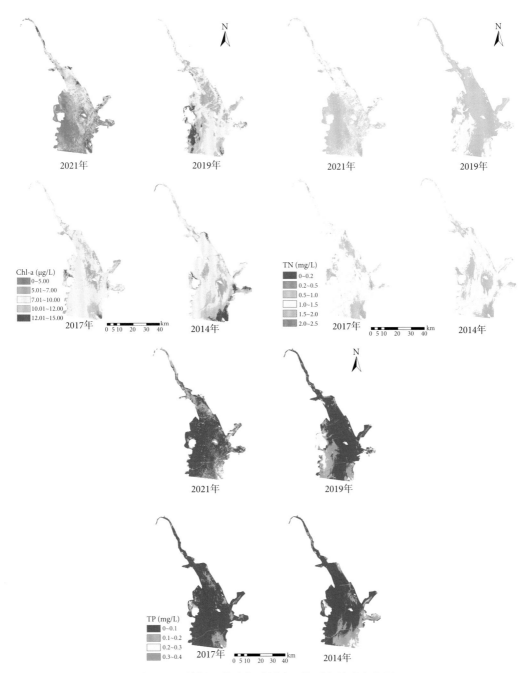

图 5.1-1 总氮、总磷和叶绿素 a 的时空浓度变化图

5.1.2　气候变化和人类活动对营养盐浓度的影响

  珠江口上承三江河水，下纳八口潮汐，水文地质环境复杂，容易受气候变化的影响，加之区域人口稠密、城市密集的社会发展现状，由气候变化和人类活动导致的生态系统退化已成为当前珠江口面临的严重问题之一（张毅茜 等，2019）。营养盐环境的变化与生态系统退化息息相关，本研究通过随机森林机器学习模型和皮尔逊相关性分析，深入探究营养盐浓度变化的驱动机制和主控因子。

  气候变化影响太阳辐射、降雨模式和流域径流，对河口区营养盐环境影响巨大，其对河口水体理化性质产生影响主要体现在降水、温度和光照等方面 (States et al., 2016)。研究结果表明，降水与营养盐浓度呈正比（图 5.1-2）。2014~2021 年，珠江口周边主要城市降雨量逐年减少导致了年均径流量减少，因此随径流进入珠江口的营养物质总量减少，这在一定程度上改善了河口水质。水温波动可引起水体和沉积物中化学反应强度变化，导致沉积物将氮磷释放进水体，进而导致营养盐浓度的改变 (Rankinen et al., 2016)。本研究中，水温与营养盐浓度呈反比（图 5.1-2），低温导致低溶氧浓度，进而引发沉积物中氮磷释放入水体，导致水中营养盐浓度上升（王兴菊 等，2023）。此外，随机森林机器学习模型识别出了另一个影响水质的重要参数，即浊度，可影响藻类等初级生产力的光照获取量，进而影响其种群密度和个体酶活性。例如在高浊度水体中光照受限将导致光合作用减少，降低了溶解氧含量，导致生物量减少，从而减少氮磷消耗，最终导致营养盐浓度上升 (Irigoien and Castel, 1997; Zhao et al., 2019)。

  人类活动是影响河口水质的另一个驱动因素，主要包括土地利用变化、水资源利用和污水排放等 (Deng et al., 2023)。研究显示，土地利用方面，珠江口耕地面积和城市扩张与叶绿素 a 和总氮浓度呈高度负相关（图 5.1-2），这与不透水地面面积增加、径流聚集和肥料施用密切相关，其中肥料施用后大量营养物质可随农田退水进入径流，最终汇聚到珠江口，增加了营养盐浓度 (Chen et al., 2021)。基于遥感图像进行交互式监督分类绘制的 2010 年至 2020 年珠江口周围主要城市土地利用变化图显示，随着时间的推移，耕地和城市化面积不断扩张，年均增长率分别为 0.18% 和 1.14%，而森林面积年均减少率为 0.16%（图 5.1-3）。其中，约 70 km^2 的森林以及 550 km^2 的草地和水体转化为耕地和城市，而河流或湖泊面积减少约 490 km^2。在内河广州段，耕地的增加强化了面源污染，使地表径流携带大量氨氮和硝态氮通过进入珠江口，森林面积的减少削弱了其作为营养物质的缓冲和滞留区的作用，而河流水域面积也削弱了营养盐的缓冲，导致更多营养物质汇入珠江口。最终，三者综合作用加重了珠江口水质的局部恶化风险。水资源利用方面，2014~2021 年广东省农业和工业用水量逐年减少，与水体质量呈正相关关系。污水排放方面，工业污水排放量一直保持在13万吨/年左右，但随着水处理技术的改善，污水中氨的含量显著减少（从 2014 年的 208 000 吨减少到 2021 年的 44 500 吨），污水排放与水质变化呈弱相关。此外，研究证实了农业非点源污染也是珠江口水体污染的主要来源，一定程度上导致水质恶化 (Huang J et al., 2021)。

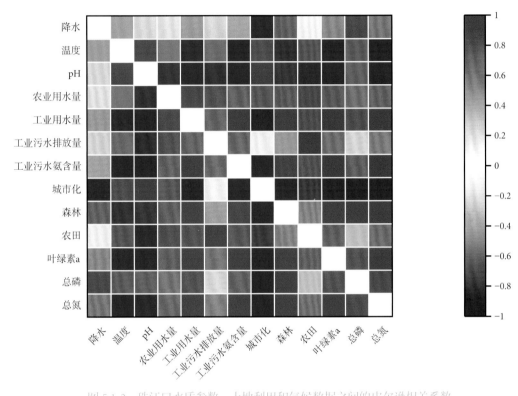

图 5.1-2　珠江口水质参数、土地利用和气候数据之间的皮尔逊相关系数
（数据来源：广东省生态环境厅）

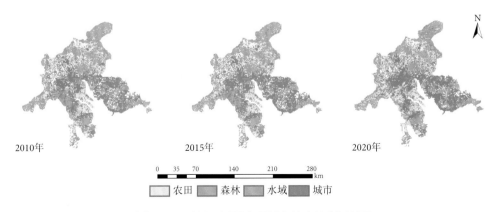

2010年　　　2015年　　　2020年

农田　森林　水域　城市

图 5.1-3　珠江口周围主要城市的土地利用情况

综上所述，气候变化通过减少营养盐的消耗和增加沉积物的氮磷释放增长了内源性的营养盐浓度，而人类活动增长了外源性的营养盐进入珠江口水域，两者的综合作用将大大增加珠江口水质恶化的风险。

5.1.3 沉积物溶解性有机质分子变化机制

河口是溶解性有机质（dissolved organic matter，DOM）以及溶解性有机氮（dissolved organic nitrogen，DON）、溶解性有机硫（dissolved organic sulfur，DOS）全球生物地球化学循环的重要场所，大量的陆源有机质通过河口进入海洋。然而由于复杂的自然过程和剧烈的人类活动干扰，河口 DOM、DON 和 DOS 的化学组成和分子结构受多种生物和非生物过程的影响而发生变化 (Bauer and Bianchi, 2012; He et al., 2020)，但受制于目前的研究手段和分析方法，其空间分布规律和形态转化机制尚不明晰。

本研究通过结合紫外 - 可见光光谱（ultraviolet-visible spectroscopy，UV-Vis）、三维荧光光谱（emission-excitation matrix fluorescence spectroscopy，EEM）和傅里叶变换离子回旋共振质谱（Fourier transformation ion cyclotron resonance mass spectrometry，FT-ICR MS），实现分子水平 DOM、DON 和 DOS 的特征、组成和生物有效性表征，并结合微生物高通量测序，深入探究珠江口沉积物中 DOM、DON 和 DOS 组成和生物有效性的空间特征和分子转化机制，见图 5.1-4。

研究发现，从河口上游到下游，沉积物 DOM、DON 和 DOS 分子呈现明显的空间梯度。沉积物 DOM 含量、有色 DOM（chromophoric DOM，CDOM）芳香性（$SUVA_{254}$）、疏水性（$SUVA_{260}$）和富含的羧基、羰基、羟基和酯基（A_{253}/A_{203}）等取代基含量呈下降趋势；同时 FDOM 中酪氨酸 / 色氨酸蛋白和类腐殖酸物质的丰度也均呈减小趋势。此外，沉积物 DOM、DON 和 DOS 分子多样性（即分子式数量）也逐渐减少，并且其分子特征倾向于向较低的碳标称氧化态（NOSC）和较高的生物反应性（MLB_L）、质荷比（m/z）和饱和度（H/C）转变。在分子组成方面，沉积物 DOM 分子组分总体较为相似，但 DON、DOS 分子中的蛋白质类、脂质类物质的相对丰度从上游到下游呈增加趋势，而木质素类物质相对丰度则有所降低。

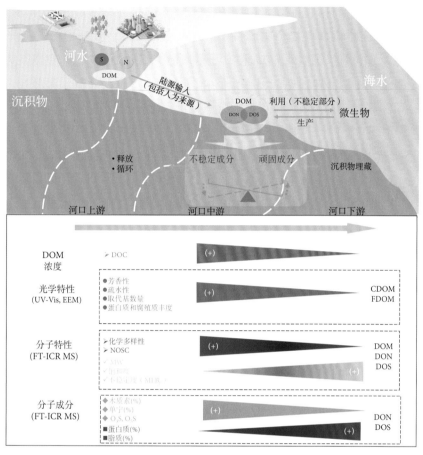

图 5.1-4　沉积物溶解性有机质分子变化机制图

　　沉积物 DOM 分子转化通常受光降解、微生物利用、有机质来源和絮凝作用等多因素共同控制。珠江口沉积物 CDOM 的芳香性由陆地向海洋方向下降，但其分子量和饱和度显著增加。由于光降解可去除芳香族化合物并生成分子量和饱和度降低的小分子，说明光降解可能不是珠江口沉积物 DOM 分子转化的关键因素。N、S 代谢相关细菌丰度（OTU）与 DON 和 DOS 的 DBE$_{wa}$、O/C$_{wa}$、NOSC 呈正相关，而与 m/z_{wa}、H/C$_{wa}$、MLB$_L$ 值呈负相关；此外，N、S 代谢相关菌丰度（OTU）与 DON、DOS 中的不稳定成分（蛋白质、碳水化合物和脂质）呈负相关，而与难降解成分（单宁和木质素）呈正相关，这表明河口沉积物微生物优先利用活性物质，导致 DON、DOS 分子量、饱和度和生物活性降低。因此，推断珠江口上游沉积物中不稳定的 DON、DOS 组分可能作为微生物代谢的反应物而被消耗，从而塑造了河口上游 DON、DOS 中不稳定组分丰度较低，但难降解组分丰度较高的空间格局。

　　除微生物加工外，陆地自然输入和人类活动产生的有机物也对河口沉积物中 DOM、DON 和 DOS 的转化具有显著影响。珠江口上游沉积物 DOM、DON 和 DOS

分子表现出陆源特征，如高 $SUVA_{254}$、低 H/C 和 MW 以及高相对丰度的类木质素物质。相比之下，中下游逐渐转变为自生源特征，其表现为 H/C、分子量及蛋白质 / 类脂物质比例的增加。沉积物 DOM 中 O_3S 和 O_5S 化合物的丰度以及 CHOS 的相对丰度向海洋方向的下降，强调了珠江口从上游到下游人为源输入贡献的衰减，人为 N、S 输入一方面增加了沉积物 DOM 中 DON、DOS 分子数量，另一方面其通过 C–N、C–S 键形成官能团转移及微生物介导反应进一步改变了 DOM 的分子特征和组成。

珠江口上游沉积物 CDOM 具有更高的芳香性、疏水性以及更丰富的取代基，而 DOM、DON 和 DOS 分子具有较低的分子量、饱和度、生物可降解性以及活性物质丰度，表明珠江口上游沉积物有机分子相对较难降解。相比之下，中下游沉积物 DOM、DON 和 DOS 的生物反应性逐渐增加，一旦环境条件发生变化，分解释放潜在风险较高。此外，研究发现沉积物 DON 和 DOS 的生物活性高于本体 DOM，表明人为 N、S 输入的增加可能会通过提高 DOM 中 DON 和 DOS 的比例而增强 DOM 的生物反应活性。该研究为认识河口区沉积物有机分子分布格局和分子转化提供了新的证据。

5.2　金属界面释放机制及关键生物地球化学过程

5.2.1　水体理化性质空间变化

水体理化性质对金属赋存形态和迁移转化具有重要影响，例如，pH 降低可促进金属溶解释放，溶解氧可影响金属氧化还原过程和赋存形态，而盐度可显著促进金属固液相交换过程。在研究沉积物 - 水界面金属释放机制时，需综合考虑水体理化特征，同时由于河口区域强烈的咸淡水混合过程，表层水和底层水理化性质差异显著，因此分析表层和底层水理化性质差异有助于综合解析沉积物 - 水界面金属释放行为及其环境效应。本研究对珠江口水体中溶解氧（DO）、pH、氧化还原电位（ORP）、温度、电导率、盐度、叶绿素 a、浊度、总溶解固体（TDS）数据处理生成二维剖面图，可直观分析表层和底层水体理化性质差异，重点识别底层水体缺氧和高盐区域。

对内河 - 河口 - 近海方向水体理化性质空间梯度变化分析如图 5.2-1 所示，随着径流方向水体温度、电导率和盐度均逐渐升高；在潮汐作用下，咸水主要通过底层水入侵河口，底层水电导率和盐度显著高于表层水，其至导致河口局部较深区域出现水体

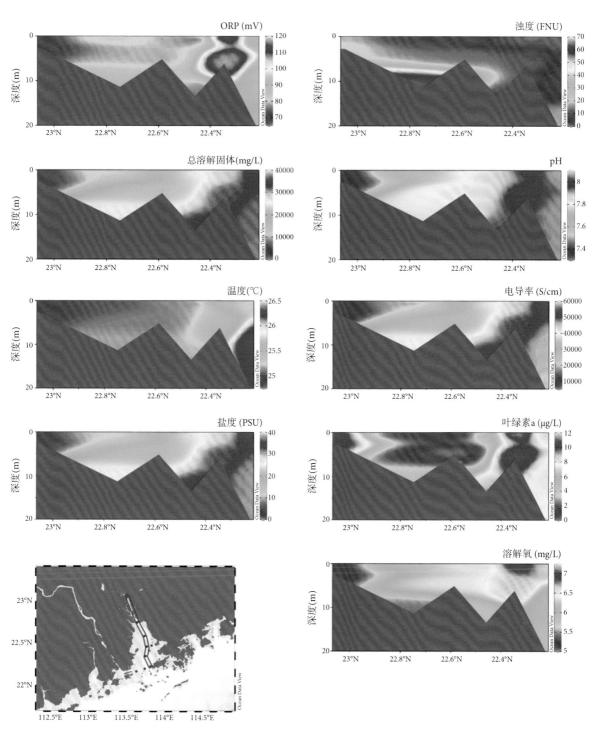

图 5.2-1 珠江口水体理化性质二维剖面图

分层现象。叶绿素浓度在内河和近海处较高，河口中心较低，这主要是内河径流携带大量营养物质输入，以及近海香港和深圳等城市的农业输入所致。类似地，溶解氧浓度随径流方向逐渐升高，且表层水显著高于底层水，这主要是底层水有机质矿化需要消耗大量氧气，而水体分层导致表层水溶解氧难以扩散到底层的缘故，这与以往的研究结果相吻合 (Qian et al., 2018)。

溶解态总固体含量和 pH 从内河向近海方向逐渐升高，与盐度和电导率变化基本一致，且底层水含量显著高于表层水。有研究分别测定了年内不同时期表层水和底层水 pH 的差异，结果显示，枯水期（1 月）表层水与底层水 pH 相近，而丰水期（8 月）表层水 pH 更高，这可能是丰水期大量营养物质输入强化表层水光合作用消耗 CO_2 所致 (Fang and Wang, 2022)。无论如何，内河和近海 pH 的差异可通过改变颗粒物中氧化物和碳酸盐的沉淀和溶解特性，对水体中金属地球化学行为产生显著影响。同时，海水中大量的阴离子可与金属形成络合物，增大金属迁移性和生物有效性，对水生生态系统和人类健康造成潜在威胁。

综合以上分析，珠江口水体理化性质具有显著的空间异质性，从内河向近海方向水体的温度、电导率、盐度、溶解态总固体含量和 pH 呈升高趋势；叶绿素表现为内河和近海处浓度较高，而河口中心的叶绿素浓度相对较低；溶解氧在水体中同样呈现明显的空间差异，向近海方向逐渐升高，且表层水体的溶解氧含量明显高于底层水体，主要与水体分层和有机质矿化作用相关。

5.2.2　沉积物金属迁移剖面变化及界面释放通量

沉积物孔隙水是与上覆水交换最剧烈的场所，本研究通过探究金属在沉积物孔隙水中的垂向分布特征，结合环境因子垂向变化、沉积物早期成岩过程以及元素之间的相互关系，揭示沉积物金属固 - 液相迁移关键地球化学过程。沿径流方向从河口到近海水域设置 5 个沉积物采样点，分别编号为 #3、#7、#10、#12 和 #18。从各点位金属垂向分布结果来看，不同金属的垂直变化趋势不同，如 #3 沉积物中 Cd、Cu 和 V 的变化趋势相似，浓度随深度增加而下降（图 5.2-2），说明这三种金属在沉积物中迁移过程一致，可能由相同地球化学过程驱动。As 和 Fe 的垂向分布较为一致，且在沉积物 0~15 cm 内出现明显浓度高值，表明 As 的迁移释放与 Fe 释放同步。#7 沉积柱孔隙水中的 Cd、Cu、Pb 和 V 的垂向变化趋势较为平缓，但在 1 cm 处出现浓度峰值，而 As、Co、Fe、Mn 和 Ni 的变化幅度较为显著，在 1~10 cm 处浓度明显升高，这表明 As、Co 和 Ni 的释放区间位于表层沉积物中，向水体释放风险较高（图 5.2-3）。#10

沉积物中 Cd、Co、Ni 浓度随深度增加呈现下降趋势，而 As、Fe、Mn 则呈现升高趋势，Cu、Pb 和 V 在 10~15 cm 处出现浓度峰值，而 As 和 Fe 在 6~10 cm 出现峰值（图 5.2-4）。#12 采样点中 As、Fe、Mn 具有相似的变化趋势或出现峰值，浓度先增加后减少，Cd、Co、Cu、Ni、Pb 和 V 浓度变化趋势相似，表层沉积物孔隙水中的含量比底层沉积物中的含量高，说明这些痕量金属受人为影响较严重（图 5.2-5）。#18 沉积物中 As、Fe 和 Mn 变化趋势相同，而 Cd、Co、Cu、Ni、Pb 和 V 变化趋势类似，说明这些金属释放过程与 Fe、Mn 无关，可能由盐度变化或其他过程驱动（图 5.2-6）。

总体来看，从内河至近海方向，沉积物孔隙水金属浓度呈下降趋势，表明沉积物固相向孔隙水中释放金属减少，导致向水体扩散的量减少。Jiao 等（2018）发现珠江口表层沉积物金属 Zn、Cr、Cu 和 Cd 主要来自附近陆源输入，金属含量呈现从内陆向海洋逐渐降低趋势，这与本研究一致，即内河是沉积物 - 水体金属迁移的热点区域（图 5.2-7）。

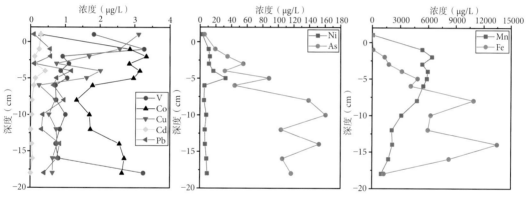

图 5.2-2　珠江口 #3 采样点沉积物中金属浓度垂向分布图

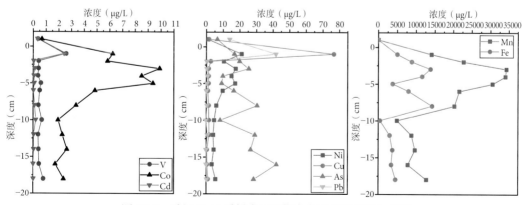

图 5.2-3　珠江口 #7 采样点沉积物中金属浓度垂向分布图

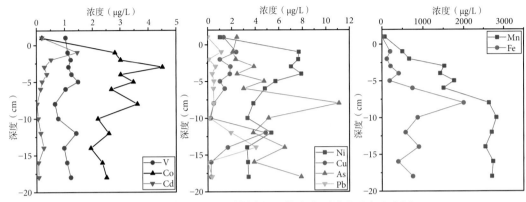

图 5.2-4 珠江口 #10 采样点沉积物中金属浓度垂向分布图

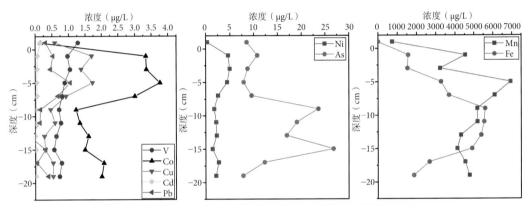

图 5.2-5 珠江口 #12 采样点沉积物中金属浓度垂向分布图

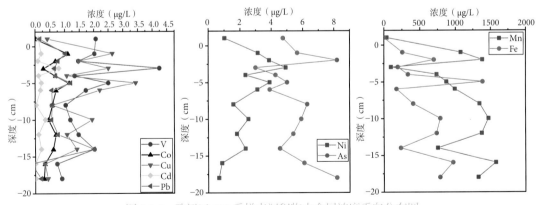

图 5.2-6 珠江口 #18 采样点沉积物中金属浓度垂向分布图

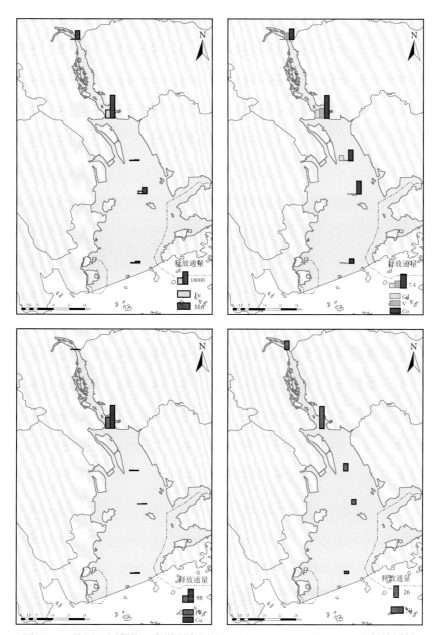

图 5.2-7　珠江口沉积物 - 水界面金属（Fe, Mn, Cd, V, Co, Pb, Cu, Ni）释放通量

单位：×10⁻⁶ ng/(cm²·s)

基于沉积物 - 水界面金属浓度变化梯度，采用 Fick 扩散第一定律进一步计算界面金属释放通量，量化沉积物金属释放对水体污染的影响。公式如下 (Xiao et al., 2023)：

$$F = -\frac{\varphi D}{\theta^2}\left(\frac{\partial C}{\partial Z}\right)_{Z=0}$$

式中，φ 表示沉积物孔隙度，可由天然沉积物的体积和冻干天然沉积物的体积确定，为孔隙水体积（天然沉积物体积减去冻干沉积物体积）与天然沉积物体积之比；θ 表示沉积物弯曲度，可由 $\theta = \sqrt{1-2\ln\varphi}$ 获得；D 表示分析物的扩散系数；$\left(\dfrac{\partial C}{\partial Z}\right)_{Z=0}$ 表示沉积物 - 水界面附近的浓度梯度（斜率）。

总体来看，珠江口沉积物 - 水界面金属释放通量表现为由北向南逐渐降低，Fe、Mn、Cd、V、Co、Pb、Cu 和 Ni 释放通量范围分别为 $(190\sim13\ 000)\times10^{-6}$ ng/(cm$^2\cdot$s)、$(1100\sim36\ 000)\times10^{-6}$ ng/(cm$^2\cdot$s)、$(-0.21\sim5.4)\times10^{-6}$ ng/(cm$^2\cdot$s)、$(-0.9\sim6.4)\times10^{-6}$ ng/(cm$^2\cdot$s)、$(2.9\sim14.8)\times10^{-6}$ ng/(cm$^2\cdot$s)、$(0.76\sim96)\times10^{-6}$ ng/(cm$^2\cdot$s)、$(-1.4\sim190)\times10^{-6}$ ng/(cm$^2\cdot$s) 和 $(5.4\sim52)\times10^{-6}$ ng/(cm$^2\cdot$s)（图 5.2-7），其中虎门金属释放通量最高，沉积物对水体污染贡献最大。如果以所有点位平均值计算，珠江口水域面积约为 2100 km^2，则每年沉积物向水体中释放的 V、Co、Ni、Cu、As、Cd 和 Pb 的量分别为 1.3 吨、5.3 吨、14 吨、27 吨、12 吨、1.1 吨、14 吨，考虑到释放通量区域性和季节性差异较大，因此更准确地估计底泥对水体贡献还需更多点位和不同季节数据的收集。Liu 等（2023）报道了 2018 年珠江口磨刀门沉积物 Cr、Zn 的释放通量范围分别为 $(-1.37\sim1.64)\times10^{-6}$ ng/(cm$^2\cdot$s)、$(-12.43\sim64.8)\times10^{-6}$ ng/(cm$^2\cdot$s)。Zhang Ling 等（2022）计算出 2020 年珠江口沉积物中 As、Co、Cr、Fe、Mn、Ni、Pb、Zn 和 Cd 的释放通量范围分别为 $(-21.8\sim10.4)\times10^{-6}$ ng/(cm$^2\cdot$s)、$(-5.96\sim5.84)\times10^{-6}$ ng/(cm$^2\cdot$s)、$(-18.02\sim13.41)\times10^{-6}$ ng/(cm$^2\cdot$s)、$(-3232\sim1743)\times10^{-6}$ ng/(cm$^2\cdot$s)、$(-2822\sim1390)\times10^{-6}$ ng/(cm$^2\cdot$s)、$(-31.66\sim15.61)\times10^{-6}$ ng/(cm$^2\cdot$s)、$(-1.25\sim2.34)\times10^{-6}$ ng/(cm$^2\cdot$s)、$(-331\sim380)\times10^{-6}$ ng/(cm$^2\cdot$s) 和 $(-0.016\sim0.194)\times10^{-6}$ ng/(cm$^2\cdot$s)。Li 等报道西溪河口 Fe、Mn、As、Cr、V、Se、Mo、Ni 和 Zn 的释放通量范围分别为 $(-170\sim1240)\times10^{-6}$ ng/(cm$^2\cdot$s)、$(220\sim6270)\times10^{-6}$ ng/(cm$^2\cdot$s)、$(0.39\sim10.82)\times10^{-6}$ ng/(cm$^2\cdot$s)、$(-2.2\sim12.27)\times10^{-6}$ ng/(cm$^2\cdot$s)、$(-0.32\sim4.58)\times10^{-6}$ ng/(cm$^2\cdot$s)、$(-2.49\sim71.1)\times10^{-6}$ ng/(cm$^2\cdot$s)、$(-0.13\sim6.48)\times10^{-6}$ ng/(cm$^2\cdot$s)、$(-0.87\sim11.53)\times10^{-6}$ ng/(cm$^2\cdot$s) 和 $(-64.58\sim102.4)\times10^{-6}$ ng/(cm$^2\cdot$s) (Li Y et al., 2023)。综合以上不同口门的研究结果，沉积物 - 水界面 Fe、Mn、Zn 和 Pb 释放通量比其他元素高且多为正值，表明这些金属倾向于从沉积物扩散到上覆水，对水体污染贡献更大，应重点加强监控。

5.2.3 沉积物中砷的生物地球化学关键过程

沉积物 - 水界面是河口生态系统中物质进行固 - 液交换最频繁的场所之一，研究沉积物 - 水界面污染物迁移释放机制对于识别污染物潜在生态风险，促进水生态系统健康具有重要意义。砷（As）是珠江口典型污染物之一，其在沉积物 - 水界面的迁移过程和释放机制十分复杂，包括阴离子竞争性解吸、微生物呼吸作用、矿物相溶解释放等，然而目前对这些过程之间相互作用却十分有限 (Cui et al., 2018; Yi et al., 2023)。此外，由于河口沉积物空间异质性极高，传统针对沉积物的 1~2 cm 尺度的研究方法难以准确揭示界面金属迁移转化的微观过程。因此，本研究结合柱状沉积物固 - 液相分层、毫米级分辨率的梯度扩散薄膜技术（DGT）和微生物高通量测序，揭示 As 在珠江口沉积物 - 水界面迁移释放关键过程及影响机制（图 5.2-8）。

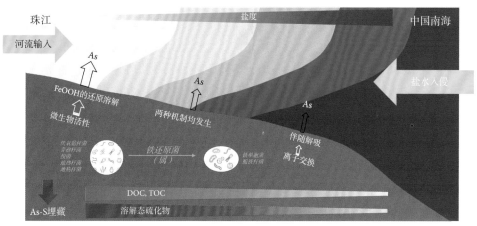

图 5.2-8　珠江口沉积物 - 水界面 As 释放机制图

研究发现，珠江口上游 As 最高释放通量达到 60×10^{-6} ng/(cm^2·s)，以此估计每年约有 2.3 吨 As 从沉积物释放到水体中，对河口生态系统健康造成巨大威胁。微生物多样性分析结果显示，上游丰度最高的属水平铁还原菌是 *Clostridium sensu stricto_1* 和 *Bacillus*，其中前者可利用不稳定的有机物，如葡萄糖、谷氨酸盐、乳酸盐和乙酸盐，偶联还原弱结晶的氧化铁（PCIO）、柠檬酸铁（Fe(Ⅲ)-cit）或焦磷酸铁（Fe(Ⅲ)-P），进而直接参与 Fe(Ⅲ) 还原或间接为其他铁还原菌提供底物（如易于降解的可降解有机酸）(Park et al., 2001)；后者则能够利用甲酸盐和乳酸盐同时还原 PCIO 和 FeCl$_3$ (Kanso et al., 2002)。研究还发现，上游沉积物中氧化态 As 和氧化态 Fe 之间相关性良好，孔隙水中溶解态 As 和 Fe 的垂向分布一致，证实了由铁还原菌诱导的水合氧化铁溶解是驱动缺氧沉积物中 As 活化和释放的主要过程。然而下游区域丰度高的属水平铁还原菌转变为 *Ferrimonas* 和 *Deferribacter*，这是由于这两种细菌具有更高的耐盐性。研究发现，下游沉积物中氧化态 As 和氧化态 Fe 相关性减弱，而沉积物颗粒中 As 和 Mn 的相关性显著，同时，孔隙水中溶解态 As 和溶解态 Mn 垂向分布一致，且 Mn 的释放与盐度升高具有显著正相关关系，这说明下游沉积物中 As 的活化和释放并非由水合氧化铁的溶解驱动，而是咸水入侵导致的离子交换过程控制。此外，沉积物中溶解硫化物产量最高时溶解 As 含量最低，表明这两种元素之间存在显著负相关关系，这是由于硫酸盐还原产生的硫化物可以与 Fe 和 As 共沉淀，从而增强沉积物中 As 的钝化和滞留。总体而言，珠江口沉积物中 As 的活化和释放在径流方向上由不同过程主导和控制，研究结果对沉积物 As 释放风险控制具有指导意义。

5.3 持久性有机污染物分布特征及微生物群落响应机制

5.3.1 表层水多环芳烃分布特征及对微生物丰度影响机制

PAHs 是水环境中典型的持久性有机污染物，由于具有致癌、致畸、致突变、持久性和长距离迁移等特性，在生态环境和人体健康领域备受关注 (Zhang et al., 2021)。珠江口是粤港澳大湾区和中国南海水体连接的重要地带，是我国南方陆源污染物自陆地向南海运输的必经之地 (Zhou et al., 2019)。研究表明，珠江口和南海存在 PAHs 污染，主要来源于人类活动，如沥青生产、车辆排放和化石燃料等 (Hafner et al., 2005; Zhou et al., 2019)。微生物是生态系统的重要组成部分，受到众多环境因素（如温度、压力、pH、盐度等）及污染因子的影响，其组成、结构和功能发生改变，将对整个水生生态系统产生重要影响 (Qiang et al., 2021)。本研究通过对珠江口表层水 16 种 PAHs 进行高分辨率浓度监测和微生物高通量测序，了解其分布特征及对微生物群落的影响机制。

珠江口表层水 PAHs 总浓度范围为 452~20 256 ng/L［图 5.3-1(a)］，其中贡献最大的是萘。由于萘的挥发性较高，在水体的浓度波动较大，为了更准确反映珠江口 PAHs 分布特征，将其剔除后绘制浓度分布图如图 5.3-1(b) 所示。结果表明，珠江口上游 PAHs 浓度高于下游，具有明显的陆源性特征；河口中部伶仃岛附近水域存在浓度热点，主要是因为珠江口海流的逆时针流动和伶仃岛附近较高的地势共同作用导致了大陆沿岸 PAHs 被稀释，并表现为东部水体浓度略低于西部。

基于 PAHs 浓度分布（图 5.3-1）将珠江口区域分为高污染区和低污染区，使用微生物高通量测序进行微生物多样性分析。结果表明，门水平的物种 Proteobacteria、Actinobacteriota 和 Bacteroidota 在至少一份样本中的丰度高于 1%（图 5.3-2(a)），经对比发现，本研究鉴定的高丰度物种与历史文献报道的基本一致，只是丰度和相对含量有所差异 (Ming et al., 2021; Xie et al., 2022)。在丰度最高的 20 个属水平物种中，我们发现其中 8 个微生物与多环芳烃降解相关［图 5.3-2(b)，红色虚线框］，例如，*Thiobacillus* 和 *Vibrio* 在集约化土地和海水养殖区域中，被鉴定为多环芳烃污染的关键降解属 (Liu Jun et al., 2018; Luo et al., 2004)；在长期多环芳烃污染河道和多重污染海湾中，*Rhodobacteraceae*、*Moraxellaceae* 和 *Flavobacterium* 是关键的多环芳烃代谢物种 (Ahmad et al., 2021; Jin et al., 2020)。

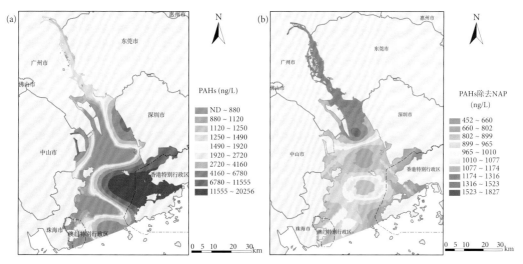

图 5.3-1 珠江口表层水多环芳烃（PAHs）浓度分布图

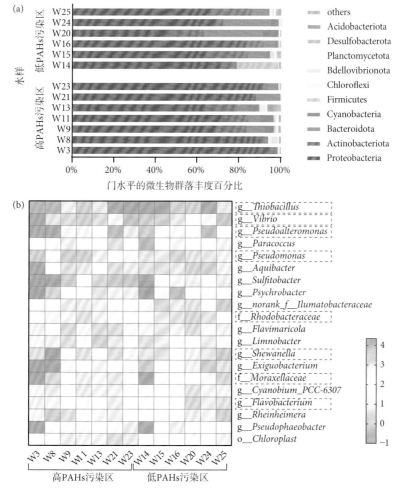

图 5.3-2 珠江口表层水微生物群落在门水平（a）和属水平（b）的丰度图

本研究揭示了珠江口表层水 PAHs 浓度分布特征及影响因素，并从物种丰度组成的角度证明了 PAHs 作为一种环境污染因子，与传统关注的水体理化性质、营养盐等一样，对微生物群落具有一定影响。

5.3.2　水和沉积物介质中微生物群落对多环芳烃响应机制

河口多环芳烃污染对微生物群落的组成、丰度和多样性产生巨大影响，进而影响水生生态系统的结构及功能 (Liu Jun et al., 2018)。许多实验室研究表明，微生物降解是多环芳烃转化和消除的主要途径 (Premnath et al., 2021; Yan et al., 2022)，但目前仍缺乏实际水环境中相关证据，相关作用机制尚不清晰。河口水和沉积物中的微生物具有差异化的生存方式，对多环芳烃等污染因子的响应也有所不同 (Shi et al., 2020)。本研究结合文献数据、微生物高通量测序以及系统发育分子生态网络分析，以珠江口为代表，探究水和沉积物中关键微生物对多环芳烃污染的差异化响应机制。

通过历史文献数据收集，对近 20 年来报道的多环芳烃降解相关微生物进行筛选，共识别出珠江口水和沉积物样本中 PAHs 降解相关的 60 个属水平物种 (Lin et al., 2023)，并进行 LEfSe 丰度差异性分析。结果显示，绝大部分多环芳烃降解相关的特征微生物在水和沉积物中的丰度具有显著性差异（图 5.3-3），例如，目水平的物种 Anaerolineales、Desulfobulbales 和 Clostridiales，及其分别对应的 Anaerolineaceae 科、*Desulfobulbus* 和 *Clostridium* 属，在沉积物中丰度较高；而水中的目水平物种 Flavobacteriales 和 Pseudomonadales，及其分别对应的 *Flavobacterium* 和 *Pseudomonas* 属的丰度更高。以上结果表明从不同介质中作用于多环芳烃的高丰度微生物种类有所不同，因此在对多环芳烃污染进行生物降解的治理中，必须将目标介质类型作为重点考虑因素，以提高降解效率。

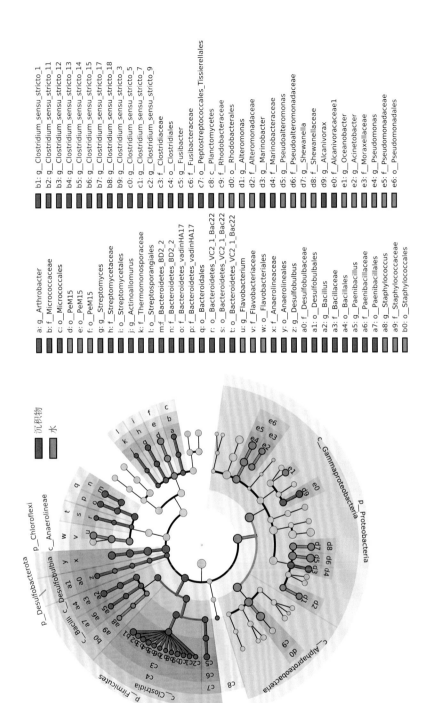

b1: g_Clostridium_sensu_stricto_1
b2: g_Clostridium_sensu_stricto_11
b3: g_Clostridium_sensu_stricto_12
b4: g_Clostridium_sensu_stricto_13
b5: g_Clostridium_sensu_stricto_14
b6: g_Clostridium_sensu_stricto_15
b7: g_Clostridium_sensu_stricto_17
b8: g_Clostridium_sensu_stricto_18
b9: g_Clostridium_sensu_stricto_3
c0: g_Clostridium_sensu_stricto_5
c1: g_Clostridium_sensu_stricto_7
c2: g_Clostridium_sensu_stricto_9
c3: f_Clostridiaceae
c4: o_Clostridiales
c5: g_Fusibacter
c6: f_Fusibacteraceae
c7: o_Peptostreptococcales_Tissierellales
c8: c_Planctomycetes
c9: f_Rhodobacteraceae
d0: o_Rhodobacterales
d1: g_Alteromonas
d2: f_Alteromonadaceae
d3: g_Marinobacter
d4: f_Marinobacteraceae
d5: g_Pseudoalteromonas
d6: f_Pseudoalteromonadaceae
d7: g_Shewanella
d8: f_Shewanellaceae
d9: g_Alcanivorax
e0: f_Alcanivoracaceae1
e1: g_Oceanobacter
e2: g_Acinetobacter
e3: f_Moraxellaceae
e4: g_Pseudomonas
e5: f_Pseudomonadaceae
e6: o_Pseudomonadales

a: g_Arthrobacter
b: f_Micrococcaceae
c: o_Micrococcales
d: g_PeM15
e: o_PeM15
f: o_PeM15
g: g_Streptomyces
h: f_Streptomycetaceae
i: o_Streptomycetales
j: g_Actinoallomurus
k: f_Thermomonosporaceae
l: o_Streptosporangiales
m: f_Bacteroidetes_BD2_2
n: o_Bacteroidetes_BD2_2
o: f_Bacteroidetes_vadinHA17
p: f_Bacteroidetes_vadinHA17
q: o_Bacteroidales
r: o_Bacteroidetes_VC2_1_Bac22
s: o_Bacteroidetes_VC2_1_Bac22
t: o_Bacteroidetes_VC2_1_Bac22
u: g_Flavobacterium
v: f_Flavobacteriaceae
w: o_Flavobacteriales
x: f_Anaerolineaceae
y: o_Anaerolineales
z: g_Desulfobulbus
a0: f_Desulfobulbaceae
a1: o_Desulfobulbales
a2: g_Bacillus
a3: f_Bacillaceae
a4: o_Bacillales
a5: g_Paenibacillus
a6: f_Paenibacillaceae
a7: o_Paenibacillales
a8: g_Staphylococcus
a9: f_Staphylococcaceae
b0: o_Staphylococcales

图 5.3-3　珠江口表层水和沉积物介质中多环芳烃特异性降解微生物丰度差异图

分别对水和沉积物的微生物群落构建系统发育分子生态网络［图 5.3-4(a,b)］，结果显示，水体微生物群落网络结构呈现较高的平均连通性和较短的位点间距，提示更加密切的生物互作关系；沉积物中的平均聚集系数和模块化聚集程度更高，说明沉积物菌群的生态位分化程度更高 (Deng et al., 2012)。微生物群落拓扑分析中，我们在水和沉积物中分别识别出 7 种和 5 种关键 OTU，其中分别有 3 种和 1 种微生物与多环芳烃降解相关［图 5.3-4(c,d)］。例如，水体中的 67-14 科（OTU4805）是汞矿区的一种指示性物种，部分具有降解多环芳烃、联苯、多氯联苯等有机污染物的潜力 (Huang X et al., 2021; Pagé et al., 2015)；*Mycobacterium* 属（OTU46）对多环芳烃和多氯联苯等许多外源性污染物具有显著降解作用 (Das et al., 2022; Sandhu et al., 2022; Wu et al., 2023)。目水平物种 Gaiellales（OTU601，OTU4080）是在水和沉积物的微生物网络中均为重要的连接器，它是一种多功能物种，对环境中的芘具有很强耐受性 (Zhang Lilan et al., 2022)。本研究通过微生物网络构建和关键物种的识别分析，表明多环芳烃相关微生物对珠江口水和沉积物的微生物网络具有关键作用，为深入探究河口不同介质中微生物降解多环芳烃的内在机制提供理论基础及重要参考。

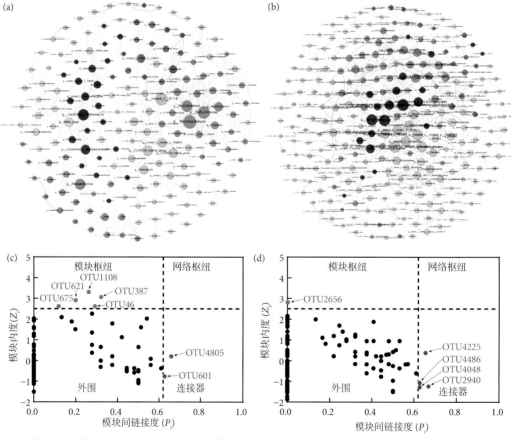

图 5.3-4　珠江口表层水（a,c）和沉积物（b,d）的系统发育分子生态网络图及对应的 P_i-Z_i 图

5.3.3　表层沉积物微生物群落对全氟化合物污染的响应

全氟化合物（PFCs）是一类人工合成的持久性有机污染物，因其具有高表面活性、热稳定性、耐腐蚀性等特点，被广泛应用于纺织、表面活性剂、食品包装、不粘涂层、灭火泡沫等产品中 (Sharifan et al., 2021)。然而，PFCs 进入环境后，由于其具有极其稳定的碳 - 氟键，难以通过物理或化学途径降解，从而对水生生态环境产生不利影响 (Evich et al., 2022)。一些实验室研究表明，微生物对 PFCs 具有一定的降解作用，而 PFCs 污染对微生物群落组成和结构也有显著影响 (Qiao et al., 2018)。然而，自然河口条件下微生物群落对 PFCs 等环境变化的响应机制的研究仍比较匮乏。因此，本研究以珠江口表层沉积物为研究对象，深入分析微生物群落与包括 PFCs 在内的环境因子之间的相互作用关系，为了解快速发展河口生态系统中 PFCs 环境行为和生物效应提供新的见解。

Spearman 分析结果显示，珠江口表层沉积物中大部分 PFCs 的浓度与深度和温度显著正相关，而与营养指标如氨氮、COD_{Mn}、总氮、总磷、DOC 浓度呈负相关〔图 5.3-5(a)〕。此外，各 PFCs 之间的相关性非常强，相关系数高达 0.9。通过 Mantel 分析分别探究微生物群落与各环境因子之间的关系，结果显示，盐度、电导率、总溶解固体、pH 和总磷对微生物群落、高丰度属、PFCs 相关细菌具有显著影响（$p < 0.05$），而 PFCs 的整体微生物效应并不显著。尽管如此，我们进一步对沉积物微生物群落拓扑结构进行解析，探究其中关键物种对 PFCs 的降解潜能。如图 5.3-5(b) 所示，沉积物中识别出 13 种关键模块微生物。通过对这些关键微生物的功能查询分析，发现有 2 种曾被报道与 PFCs 污染有关：目水平物种 *SBR1031*（OTU6764）是一种 PFCs 胁迫下生物膜中的重要标志物，该物种可作用于 PFCs 等难降解有机物的降解和脱硫过程 (Algonin et al., 2023; Jiang et al., 2023; Senevirathna et al., 2022; Tao et al., 2023; Zheng et al., 2020)；另一关键物种是 *Ignavibacterium* 属（OTU7103），曾被报道具有脱卤潜能，对全氟辛酸具有抗性 (Huang et al., 2022)。通过以上分析，明确了 PFCs 污染对河口沉积物微生物群落的影响是不可忽视的，并挖掘出在自然河口中存在的有降解潜能的特征微生物，为环境中 PFCs 污染控制提供了参考资料和科学证据。

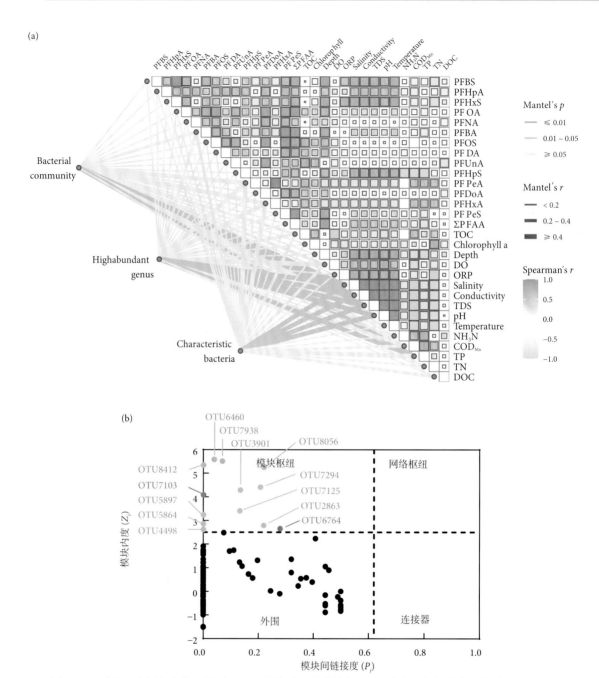

图 5.3-5　珠江口表层沉积物环境因子（理化性质、营养盐和 PFCs 浓度）与微生物群落的作用关系图
（a）和群落拓扑结构图（b）

5.4　温室气体排放模式及微生物效应机制

5.4.1　N_2O 浓度空间异质性分布规律及排放通量估算

N_2O 是平流层中消耗臭氧的主要物质之一，也是一种强效温室气体。从全球范围来看，尽管河口面积占比较小，但却对 N_2O 生物地球化学循环产生重要影响。研究表明，人为和自然因素共同作用使得 N_2O 在河口分布具有较大的空间异质性。然而，目前广泛流行的非连续单点测量方法为研究河口 N_2O 排放带来了较大不确定性。因此，本研究使用快速气 - 水平衡装置连接温室气体分析仪装置，通过实时高分辨监测获得约 30 000 个溶解性 N_2O 浓度数据，精确刻画珠江口区域连续的二维 N_2O 分布图谱，并评估珠江口 N_2O 排放引起的温室效应（Cheng et al., 2023）。

研究表明，珠江口 N_2O 浓度空间分布具有高度异质性（图 5.4-1）。水平分布上，珠江口上游到下游 N_2O 浓度从 132.2 nmol/L 急剧下降至 9.1 nmol/L，且均为过饱和状态 (141%~1723%)，其中虎门上游排放贡献最大，受到严重的人为影响，具有较高的营养底物浓度，且溶解氧浓度较低。垂直分布上，上下游的 N_2O 浓度存在明显差异，在虎门上游处位点，整个垂直水柱的 N_2O 浓度几乎保持恒定，平均浓度为 101.4 nmol/L±0.06 nmol/L，这与 DO 和盐度的均匀分布相一致。而在河口中游点位处 N_2O 浓度（32.3 nmol/L±0.89 nmol/L）随着深度的增加呈上升趋势，特别是在底层水处突然急剧增加，该点位位于淡水和海水的汇合处，由于复杂的水动力条件，水底的浊度迅速增加，造成微生物活动的加强。

从 N_2O 排放通量来看，珠江口 N_2O 水 - 气平均排放强度为 58.5 μmol/(m^2·d)＋65.7 μmol/(m^2·d)（图 5.4-2），达到全球河口平均水平的 3 倍（18.2 μmol/(m^2·d)）(Murray et al., 2015)。据估算，珠江口年 N_2O 年释放通量大的 1.05（0.92~1.23）Gg/a，是 N_2O 排放的巨大的源，占用全球河口 1.4‰ 的面积的贡献了 4.6‰ 的 N_2O 排放，其碳排放可抵消全中国海岸带约 9.3% 的碳汇能力 (易思亮，2017)。由此可见，珠江口 N_2O 排放引起的温室效应不可忽视。2023 年 2 月，广东省政府发布了《广东省碳达峰实施方案》，其中提出了控制 N_2O 等非 CO_2 温室气体排放，亟须针对河口 N_2O 排放引起的全球变暖潜力提供有效的解决方案。

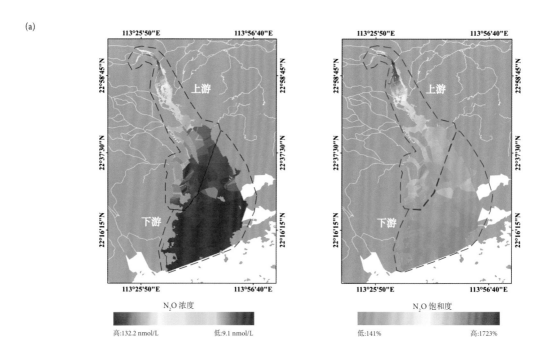

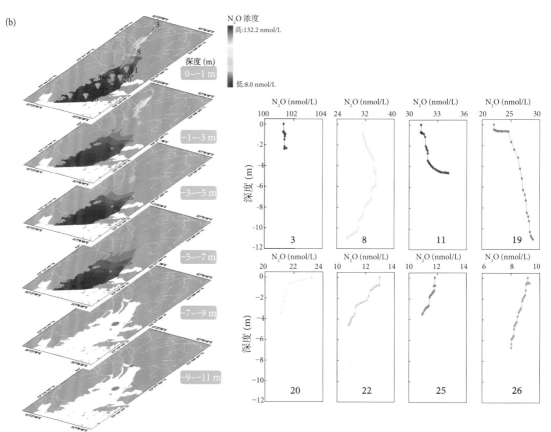

图 5.4-1　珠江口水平及垂向 N₂O 浓度分布图

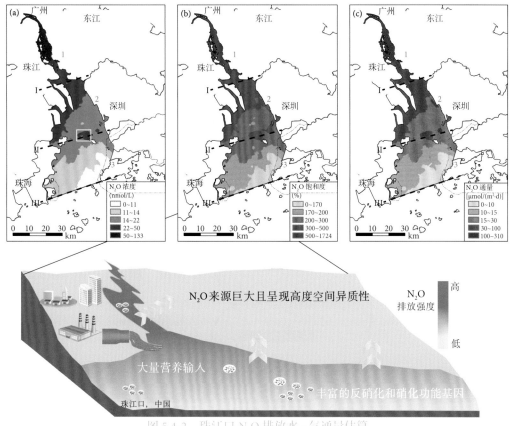

图 5.4-2　珠江口 N_2O 排放水－气通量估算

5.4.2　N_2O 排放的微生物作用过程机制

在营养物质、溶解氧、微生物活动、水文条件等多种因素的影响下，河口 N_2O 产生和分布过程受硝化、反硝化、硝化细菌反硝化和 DNRA 等多种微生物作用共同驱动。各微生物过程通过共享反应中间体或产物而相互关联和相互作用，使得辨明 N_2O 的排放机制非常复杂。本研究通过生物信息学分析，揭示 N_2O 排放的微生物作用过程机制，并综合 N_2O 分布特征、微生物机制、反应底物影响和物理因素，构建自然因素和人为活动多重影响下珠江口 N_2O 产生和分布的概念模型，为深入认识河口 N_2O 生物地球化学循环过程提供新的见解。

研究结果表明，珠江口表层水体中硝化和反硝化细菌之间具有协同关系，在不同环境介质中通过不同的关键属在 N_2O 产生过程中起着关键作用（图 5.4-3）。总体上珠江口反硝化细菌的相对丰度高于硝化细菌，且表层水反硝化细菌的相对丰度

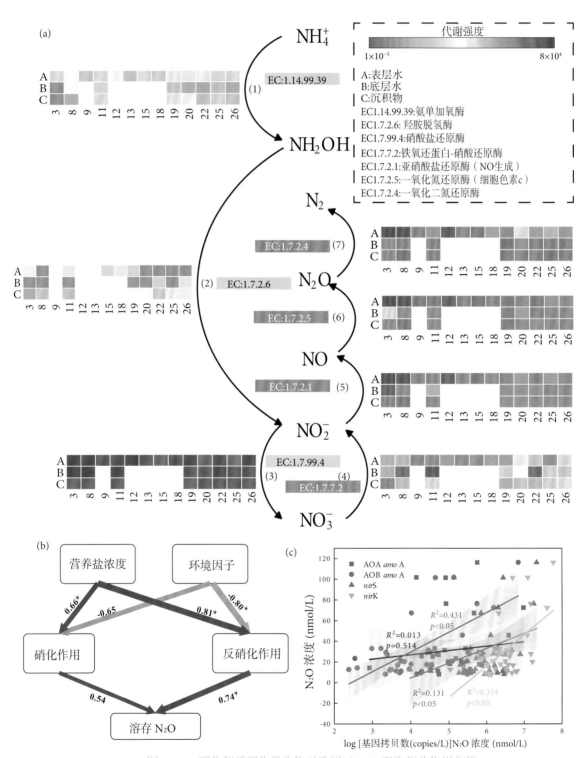

图 5.4-3　硝化和反硝化微生物对珠江口 N₂O 产生驱动作用分析

高于底层水和沉积物，*Thiobacillus*（13.11% ± 32.04%）和 *Paracoccus*（5.29% ± 16.07%）是主要的反硝化菌属。相比之下，硝化细菌在沉积物中的相对丰度较高，且亚硝酸氧化细菌的丰度高于氨氧化细菌，*Nitrospina* 和 *Nitrospira* 是前者主要的属。而 *Nitrosomonas*（OTU2538），*Nitrospina*（OTU230），*Sulfurimonas*（OTU6735）和 *Marinobacter*（OTU6060）等关键属的共同出现表明沉积物中耦合硝化 - 反硝化过程的存在。硝化和反硝化功能基因丰度在不同环境介质中的分布总体呈现出上游到下游逐渐降低的趋势。反硝化功能基因（*nirS*，*nirK*，*nosZ* 和 *narG*）丰度总体显著高于硝化功能基因（AOA *amoA* 和 AOB *amoA*）。AOA *amoA* 的基因丰度显著高于 AOB *amoA*。而 *nirK* 和 *nirS* 分别在水体和沉积物的反硝化细菌中占据主导。通过 KEGG 方法解析微生物硝化和反硝化代谢强度，结果显示，微生物代谢强度从上游向下游逐渐降低，反硝化代谢强度高于硝化代谢强度。表层水的反硝化途径具有高代谢强度，高于底层水和沉积物。相比之下，硝化途径具有较低的代谢强度。

N$_2$O 的产生和分布受反硝化和硝化微生物空间异质性的控制，其中反硝化占主导地位（图 5.4-4）。微生物代谢强度从上游向下游逐渐降低，并伴随着氨氧化从 AOB *amoA* 向 AOA *amoA* 的转变。不同环境介质中的反硝化细菌群落结构和功能基因在主导性上存在差异。*Pseudomonas* 和 *Marinobacterium* 是水体中的主要优势菌群，而 *Nitrosomonas, Nitrospina, Sulfurimonas* 和 *Marinobacter* 则是沉积物中的主要优势菌

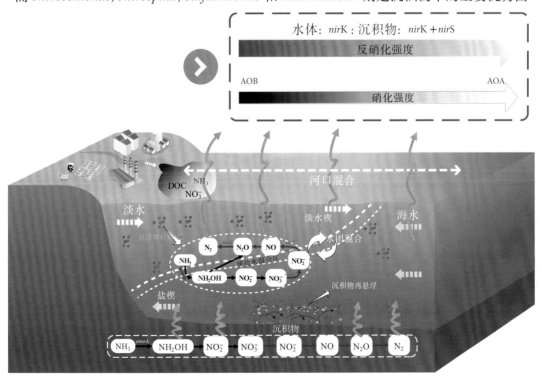

图 5.4-4　珠江口 N$_2$O 产生和分布的概念模型

群。*nir*K 型和 *nir*S 型分别在水体和沉积物反硝化细菌中占据主导。营养物质和有机碳通过调控关键微生物过程影响 N_2O 的产生，而河口水团混合形成盐水楔和淡水羽流，极大地影响了 N_2O 水平和垂直分布，而这种复杂的水团混合会进一步导致浊度的增加和局部缺氧区域的形成，进一步影响 N_2O 的产生。

5.4.3　污水排放影响下珠江口区别于自然河口的排放模式

通过假设 N_2O^--N 和 NO_3^--N 之间存在线性关系，IPCC 采用排放因子（Emission factor，EF）对水体 N_2O 间接排放估算给出建议。对于全球河口，IPCC 对 EF 估计值为 0.0026 kg N_2O^--N/kg NO_3^--N (Kristell et al., 2019)。然而，对于人为活动强度较高的河口，水体性质受到显著改变，N_2O 排放随 NO_3^--N 浓度变化的响应过程会发生改变 (Wang et al., 2021)，这造成了河口碳排放估算的不确定性。因此，本研究以珠江口为代表案例，通过全球河口面板数据分析，揭示受污水影响下河口 N_2O 独特的排放模式，并提出基于反应动力学重构 N_2O 排放与反应底物的时空动态关系。

研究结果表明，污水排放向珠江口输入了大量的氮源，据估算，珠江口每年接收污水排放 6.80×10^9 吨（中华人民共和国住房和城乡建设部，2022），DIN 负荷 $(0.16\sim2.00) \times 10^7$ mol/d，与上游河流、海底地下水共同构成了河口氮输入的三大来源 (Liu Jianan et al., 2018)，极大地促进了珠江口 N_2O 排放（图 5.4-5）。污水排放改变了珠江口的 C/N 化学计量比，使得 DOC/NO_3^--N 比值降低，而 N_2O 浓度与 C/N 成反比，表明氮还原产生 N_2O 排放过程的主导地位，当 C 相对于 N 为限制因子时，反硝化过程会终止于 N_2O 而非 N_2，从而促进 N_2O 排放。

由全球河口面板数据分析可得，全球范围内河口 N_2O 浓度与污水氮排放成正比，人为氮排放使 N_2O 排放每年额外增加 2.6~9.9 Gmol (Maavara et al., 2019)，但受污水影响的河口 N_2O 排放因子 EF 显著低于目前 IPCC 估计值大约一个数量级（图 5.4-6），如果使用 IPCC 建议值，全球河口 N_2O 排放估计值将达到 220 Gg N/a，远高于基于反应动力学机制估计的 60~155 Gg N/a (Maavara et al., 2019; Tian et al., 2020)。IPCC 对全球河口 N_2O 排放因子的系统性高估源于 N_2O 排放对氮输入响应简单的线性假设，污水氮负荷的增加会引起 N_2O 排放的增加，而随着反应生物的渐进式饱和其产生效率会降低。全球范围内，N_2O 产量与 NO_3^--N 浓度关系符合效率损失模型（efficiency loss model），即 N_2O 的生产效率随着 NO_3^--N 利用率的增加而降低；在亚洲和欧洲河口，Michaelis-Menten 模型拟合效果最好，N_2O 产量最初随 NO_3^--N 增加线性增加，但当 NO_3^--N 浓度超过 3 mg/L 时，N_2O 产量在 1600 nmol/L 左右趋于稳定，出现被动生物饱和；而线性模型仅在北美以及大洋洲等低 NO_3^--N 浓度情况下拟合较好。

　　研究建议亟须修正 IPCC 对河口排放因子 EF 建议值并对全球河口 N_2O 排放准确估算。在这个过程中要重视反硝化过程对全球河口 N_2O 排放的贡献，要基于反应动力学机制准确构建 N_2O 排放与反应底物的时空动态关系，而全面的、自下而上的监测工作对于准确估计 N_2O 排放也至关重要。

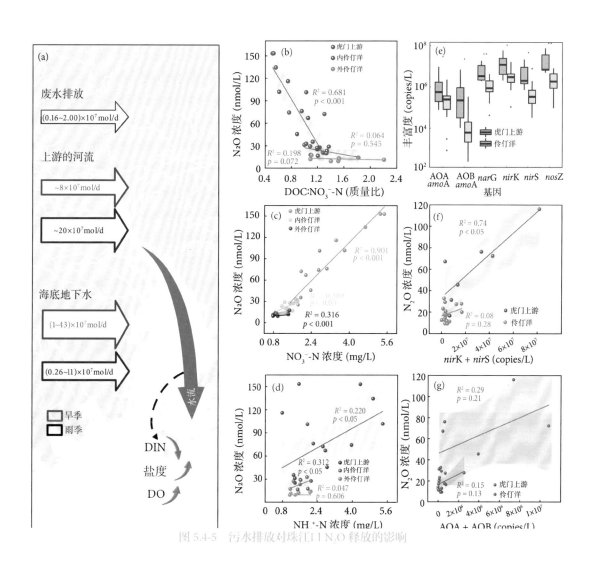

图 5.4-5　污水排放对珠江口 N_2O 释放的影响

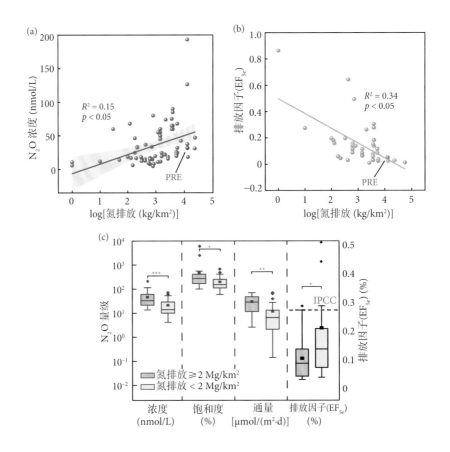

图 5.4-6　全球河口污水氮排放对 N_2O 排放的影响

5.5　水生态环境健康状况

基于珠江口水生态环境健康评估结果，结合地区政策及法律法规来看，经济社会发展、水生态环境状况和治理措施变化呈相辅相成、互相联动的特点，主要体现如下：

珠江口有机物和营养物质丰富，为海洋生态系统的生物生长提供了重要的养分来源，但过量的营养物质输入也导致了水体富营养化、温室效应等生态环境问题。三角洲河网上承流域腹地，下通过河口连接广阔海洋，河网、河口构成一个系统的连续水体，营养物质输送及迁移转化过程十分复杂，加之多种物理、化学、生物及动力过程耦合作用，水体富营养化明显。而营养物质以及有机物的过量排放，进一步导致了河口温室气体的排放。如农田化肥的大量使用以及污水的排放，向河口区域输送大量的无机氮和有机氮，而且河口区域常存在着缺氧区，伴随着强烈的硝化和反硝化作用，导致沉积物和水体中 N_2O 产量大量增加。营养盐浓度上升对主要生物类群也有一定影响，尤其是浮游植物的生存生长与营养盐关系十分密切。应该通过加强污水处理、控制农业面源污染、改善土地利用方式、提高水体的自净能力等措施，应对营养物质和有机物引起的富营养化及温室效应等问题。广东省始终坚持生态优先、陆海统筹、绿色发展，针对珠江河口及近海环境整治多项措施取得了明显的成效，切实推动了生态环境逐步改善。然而，部分污染物仍存在超标及环境健康风险问题，需统筹陆域与水域管理，积极管控上游来水水质，协同解决目前重点关注的富营养化、温室效应等问题。

珠江口存在金属和持久性有机物污染，新污染物和传统污染物污染并存，对水生生物的生存和食物链（网）的稳定造成巨大威胁，影响水生态系统健康。工业废水中含有大量的金属如 Pb、Cd、Hg 等，可进入生物体内并累积，产生急性毒性作用。而周边工业活动和居民生活释放的各类持久性有机污染物如 PAHs、PCBs、PFCs 等，尽管在水中溶解态浓度很低，但能够大量富集于水生生物体内，并通过食物链（网）产生生物放大作用，对水生生态系统造成持久影响并最终危害处于食物链顶端的人类健康。除了持久性有机污染物之外，珠江口检出的微塑料、内分泌干扰物、抗生素等其他新污染物不仅自身具有生态健康风险，其与泥沙、重金属等相互结合，极大影响了污染物的输移、归趋和环境效应。许多研究表明，这些污染物可在水生生物体内富集，产生毒性效应，甚至威胁其生存和繁殖。但由于水生态健康状况需要大量基础的、统一标准采集的数据支撑，而目前此类数据严重匮乏，暂无法建立珠江口主要生物类群与水环境污染物之间的有效联系。当下，珠江口面临新污染物和传统污染并存的突出问题，应该加快开发传统污染物和新污染物的协同治理技术。此外，可通过加强工业和农业排放的监管和管理、改善污水处理设施、推动生态修复工程等，以减少生态毒性物质的输入，保护珠江口水域的生态环境和生物多样性。

5.6　本章小结

珠江口所代表的河口区在科学研究上具有特殊性，深入揭示和理解污染物在该区域的生物地球化学过程及生态效应，对全球河口水环境问题具有重要借鉴意义。本章基于前述调查基础，以营养盐、金属、持久性有机污染物和温室气体等污染范围广、环境风险高、潜在危害大的物质为研究对象，分别从时空演变规律、迁移转化过程、界面作用关系、微生物群落效应等方面，开发和优化污染物采样技术、监测手段、模拟方法，多维度探究其来源、归趋和效应问题，形成若干具有较高参考价值的观点，从科学视角对整体水环境健康状况进行深入剖析，在追踪重点污染物生物地球化学过程的同时，丰富了对快速发展河口区水生态环境的综合认识。

第六章
珠江口水生态环境问题及对策建议

　　珠江河口区域水生态环境健康不仅关系到整个大湾区的水生态安全,同时与港澳紧密相连,具有重要的环境、生态和政治作用。一方面,大湾区高质量发展需要水资源和水安全保障;另一方面,良好的水生态环境是美丽大湾区的基本要求。水生态环境的持续改善需要从认识高度、改革力度、实践深度等方面采取措施,共同发力。通过前述章节对珠江口水体中的各环境要素进行全面分析,明确了珠江口主要特征污染物的浓度水平、时空分布特征、历史变化规律和健康风险,并以污染水平高、分布范围广、存在潜在风险的营养盐、金属、持久性有机污染物和温室气体为主要研究对象,全面剖析其生物地球化学效应和机制,对区域水生态环境现状形成了综合性认识。基于此,本章对珠江口的水环境调查和健康评估结果进行深入剖析,从五个方面总结了水生态环境问题,并提出针对性对策建议,为破解珠江口污染难题,实现区域绿色可持续发展提供重要科学参考,对我国,乃至全球受人为活动影响显著的河口区保护治理有借鉴意义。

6.1 水生态环境问题

粤港澳大湾区水资源有限，时空分布不均，供水依赖上游来水，洪水大，降雨强，台风多，防洪减灾形势严峻。湾区内三江汇流，八口出海，河海交汇，河网密布，径潮叠加等特点决定了珠江口面临着严重、频繁、多样的灾害威胁，水生态环境存在诸多问题。通过前述章节对珠江口水生态环境状况的多维分析，总结以下五方面问题。

6.1.1 水体营养盐负荷高，区域综合减排压力大

由于珠江口周边生产企业密集、城镇规模不断扩张、水产养殖产业迅速发展，加之湾区河网密布、道纵横交错、相互贯通的特点，造成了各类生产、生活污水的多向性汇集，最终形成大规模水污染的隐患。近年来，随着治理措施的落实和治理水平的不断提高，珠江口水质总体有所改善，但区域居高不下的污染负荷依然给综合减排造成很大压力。一方面，废污水排放逐年增加，全省68%入河排污口、72%废污水排放量集中在珠三角九市，处理能力和标准较低，雨污分流不完善，部分河涌水质污染严重，河道自然承载能力已逼近极限，同时，河涌较小的水量和较差的水动力条件容易造成污染物回荡。另一方面，直排海污染源调查显示，珠江口沿岸陆源性排口数量多、排量大、分布密集，对水质有直接影响；且沿岸大量的农林业用地产生了严重的面源污染。在人为和自然因素双重影响下，珠江口上游水体缺氧，有机污染和氮磷污染明显；海水水质常年处于劣IV类，无机氮及活性磷酸盐含量偏高，水体富营养化现象严重。

6.1.2 陆源金属和新污染物的多元污染风险增加，监测监管任务艰巨

直排海造成的污染与地区经济发展水平密切相关。珠江口毗邻粤港澳大湾区，作为世界级的湾区，这里地域面积广、经济体量大、发展速度快、辐射力强大、人口密度高、交通发达，引领我国经济乃至世界经济发展的新方向。目前，周边城市规模快速扩张、城镇化水平不断提高、产业集群效应日益显现，已形成以战略性新兴产业为先导、先进制造业和现代服务业为主体的产业结构，但在经济快速发展的同时造成了各类生产、

生活污水的多向性汇集，对水生态环境造成巨大压力。除了传统的富营养化之外，多类型区域特色产业兴起所伴随的金属和新污染等隐患增加，复合污染风险急剧上升。健康评估结果显示，珠江口金属、持久性有机污染物风险较高，局部指数超过临界值；咸潮入侵和底层水缺氧也加剧沉积物中金属释放；而微塑料等新污染物的环境行为和生物毒性尚不明晰，未来多元污染风险不容小觑，监测监管任务艰巨。

6.1.3　河口区温室气体排放强度高且空间异质性明显，减污降碳协同控制任重道远

受陆域、上游径流、外海潮汐等多因素相互作用，共同影响，珠江口具有极为复杂水动力条件和多变的水生态环境状况，使得温室气体大量排放并具有显著空间异质性。河口上游承纳大量来自珠三角区域排放以及河流输入的营养物质，水体呈现富营养化和季节性缺氧，温室气体排放强度高；沿岸污水排放输入了大量的氮源，与上游河流、海底地下水共同构成了河口氮输入的三大来源，极大地促进了珠江口 N_2O 排放。此外，复合污染问题进一步加剧了温室气体的排放，尤其是微塑料对温室气体排放的影响近年来更是受到高度关注。由于微塑料主要由碳元素组成，沉积物中的微塑料可显著影响河口的碳储存与碳循环，促进 CH_4 和 CO_2 产生；同时，微塑料巨大的比表面积为微生物提供了附着位点，可大量富集具有强反硝化活性的细菌，导致塑料圈比水体具有更大的反硝化速率和 N_2O 生成量。水环境健康综合评估显示，珠江口温室效应环境影响显著，仅次于生态毒性环境影响，应特别关注虎门上游温室气体排放。

6.1.4　区域生境空间严重压缩，生态系统结构破碎化，河口区域生态退化明显

近 30 年来，珠江口生态系统格局发生了巨大变化，珠江三角洲人口增长迅速，河湖生态空间被城市建设大量挤占，与水争地、与河争地问题日益突出，大湾区景观多样性和均匀度、团块结合度和聚集度不断下降，生态系统空间连通性下降，破碎化程度加剧。同时，近年珠江河口地区航道疏浚、河道采砂等活动频繁，造成河道冲刷下切，滩涂围垦过快导致大量滩涂湿地缩小，植被、水生物生境遭到破坏，原有生态体系不复存在，如受"围海造地"影响，河口区红树林、滩涂等自然湿地被破坏，水生态环境变差，生物种群减少，湿地功能和效益不断下降。此外，区域受亚热带季风气候影响，径流年际变化大、过境水量大，但总体地势平坦，径流落差小，河涌水体交换不畅，

流速缓慢，水动力不足，与外江水体交换能力弱，而河网与入海口之间距离短，汛期水资源难留存，导致河口存在季节性干旱，枯水期面临咸潮上溯的危害。

6.1.5 响应新时期河口区水环境保护要求，亟须提升污染物监测水平和创新管理方式

珠江口区域的常规污染物、金属、有机污染物和温室气体等均呈现较明显的陆源性特征，包括城市群和产业分布、城市人口密度、交通运输情况等，此外还与地形地貌、水文条件、径流情况等有关。由于地处陆海交界地带，水体理化性质空间差异大，水体更换速率快，这对水、沉积物等介质中目标污染物准确、快速、高精度测定提出了很大的挑战。一方面，现有监测手段已无法满足污染物在时空上高精度、快速准确、绿色环保的监测需求，在污染物监测技术和方式方面，亟须寻找新的途径和突破；另一方面，现有的水环境质量标准已无法涵盖许多重点污染物，且传统的河湖管理方式已无法满足新时期河口及流域水生态环境问题标本兼治、综合治理的问题，需要以区域甚至流域为整体考虑，在管理方式上有所创新。

6.2 对策建议

《粤港澳大湾区发展规划纲要》中明确提出大湾区要"强化水资源安全保障"、"推进生态文明建设"以及"加强环境保护和治理"，这为未来大湾区的水环境相关工作指明了方向。基于对珠江口水生态环境状况的综合认识，结合国家及区域政策法规现状，针对上述五个主要问题，提出以下对策及建议。

6.2.1 推动区域水环境保护治理向水安全保障转变，统筹资源、安全等问题，降低营养盐负荷

针对珠江口往复流的水动力条件和水体盐度梯度大、季节性咸潮影响显著的特征，结合区域污染特点，将水资源、水灾害、水安全问题全盘统筹考虑，并根据周边城市不同的地理位置、经济条件、产业类型采取适宜的对策以降低污染负荷。水量方面，

珠江口周边多数城市以过境客水为主，自身水资源储量有限，因此需要针对当地供水水源的水量、水质情况，以及不同行业用水特征和需求，统筹解决地区内水资源分配，平衡供求关系。水质方面，珠江口周边主要涉及工业源、生活源、农业源和畜禽养殖源，其中，生活退水、农田退水、畜禽养殖退水的收集效率有限是区域水体面源污染的最主要来源，应作为水污染治理的主要对象。同时，对于不同河段及具体河口区域，污染源结构、水动力条件和水质情况有所差别，应针对性采取合适的修复技术和工程措施。此外，应建立健全河湖长制，加强执法监管，增强各政府部门工作协调性，全面提升流域及河口综合治理能力，从根本上解决区域水生态环境问题。

6.2.2　落实金属和新污染物减排要求，加快集成化技术创新步伐，推进多元污染协同治理落地

粤港澳大湾区以高新技术企业单位为主的产业格局，区域产业链齐全、污染物种类多，尤其是包括新污染物在内的复合污染问题十分突出。调查显示，常规污染物、金属和有机污染物等均呈现明显陆源性特征，与城市群和产业分布、城市人口密度、交通运输等密切相关。鉴于珠江口沿岸高度发达的产业规模，在企业准入和排污标准方面，应对大湾区的企事业单位提出更高标准要求，严格对生产及排污过程进行监控和管理，完善和布局有关污染处理设施和工程，以不对自然环境造成污染负荷为限，提高具有环境污染风险的企业准入门槛，规范市场化管理。针对区域水体输入的金属、持久性有机污染物、微塑料和抗生素等新污染物的复合叠加效应，加快集成化技术创新的步伐，形成快速检测、输入控制、污染治理为整体的技术方案，构建多元污染监测及治理综合技术体系，争取率先落地实施，为全国经济发达河口区提供借鉴。

6.2.3　系统监测水体碳排放，实施流域区域综合减排，实现减污降碳协同增效

珠江口是温室气体的排放源且存在较强空间异质性，高精度的温室气体排放数据是刻画其时空变异规律、识别排放热点、准确估算排放通量的前提。因此，系统构建珠江口碳排放数据库，有助于其分布规律和排放机制的认识，从而制定针对性减排措施。此外，要强化排放来源识别，控制源头排放，辨析珠江口不同温室气体的具体产生途径及人为影响机制，从污水排放、面源污染控制等方面切实降低入河口碳氮负荷。针对复合污染对温室气体排放的加剧效应，要积极推动减污和降碳协同控制，过去主要

在河口系统水气界面温室气体排放和水体污染治理等方面开展单独的研究和工程实践，较少从水陆一体化出发开展流域减污—降碳—增汇协同调控。2023 年 2 月，广东省政府发布了《广东省碳达峰实施方案》，强调了协同推动减少污染与降低碳排放，提升生态系统的碳汇能力。在碳达峰、碳中和背景下，要加强河口水体减污和温室气体减排协同研究，通过构建流域综合治理技术体系，以期达到减污降碳的协同增效。

6.2.4 突破关键技术，建立成套技术体系，修复区域生态系统结构和功能

粤港澳大湾区快速发展的经济与滞后的水生态保护措施矛盾日益凸显，水生态环境新老问题交织，并逐渐从局部向全局演变，如河湖湿地空间萎缩、水源涵养能力不高、水资源开发利用过度、水污染形势严峻、海水入侵、水生物种受到威胁等。珠江口水生态环境问题是综合性的，因此修复方案应将山水林田湖草视为整体，修复区域应以下游河口为主、中上游河道湖泊为辅，技术实施上应配合水生态空间管控全面进行。下游河口区采用基底稳定保障与河口湿地水盐调控成套技术，以解决海水侵蚀、水盐失调、陆地和水域生态交错带稳定性与缓冲能力不足、河口湿地受损等问题；中游采用污染拦截与削减、人工湿地强化净化等技术，重点解决径流外源污染负荷高、污染物组成和入流方式复杂的问题；上游实施水质稳定与水量保障技术，主要进行水源涵养区修复与汛期水土流失防治工作。通过以上措施，为河口生态稳定性建立缓冲机制，从而有效抑制岸线崩塌，从根源上有效保护河口生态系统。

6.2.5 精准落实政策和法规保障，创新监测技术和监管模式，加强港澳合作，实现共治共管

从 20 世纪 90 年代开始，国家和地方高度重视珠江口生态环境保护，在水环境污染防治方面陆续出台了一系列政策和法律法规，各地政府之间开展了多种形式合作，从规划、管理、方案等层面保障区域水环境安全。尽管珠江口直排海污染已经在很大程度上被有效控制，但总体而言，目前政策法规依然滞后于区域产业多元快速的发展趋势，有进一步提升的空间和必要。尤其针对区域产业特色和多元污染特点，政策法规先行，加快完善以粤港澳大湾区为主体的政策法规制定和落地，争取率先形成经济快速发展地区复合污染治理和新污染控制相关政策保障的样板，为全国重点流域水环境污染治理提供借鉴。发展污染物检测新方法、新技术和新设备，因地制宜布设自动

化采样监测设备，对重点区域实行常态化检测和水环境健康实时动态评估；加强污染物在沉积物、水、气三相之间的迁移转化规律研究和分析，更准确、全面、多维度地评估和预测污染物变化及影响。同时，监测和预警技术要进一步完善和发展，监测指标逐渐由水质向水生态拓展，包括污染源、污染水平、生态环境风险监控等；通过信息化、模型化等现代技术手段高精度刻画污染物的传递作用和生物响应过程，逐步构建"天 - 地 - 水"一体化的全区域动态监控网络，全面提高应对水生态环境污染的应急能力和区域水安全保障能力。同时，深化粤港澳三地合作，加强污染共治、共管力度，为大湾区经济平稳快速发展保驾护航。

6.3 本章小结

本章从生态系统结构、水资源供需、水污染负荷、多元化污染趋势等方面系统梳理了珠江口水生态环境面临的主要问题，并针对性提出对策建议。珠江口及内河湖库水动力条件复杂多变，污染物扩散动力不足，需要多方面解决水资源、水灾害、水安全问题，因地制宜，平衡水量供求关系的同时，将面源污染整治作为水质提升的关键点。陆域影响、上游径流、外海潮汐等因素的相互作用加剧了珠江口温室气体的大量排放，需要丰富实测数据、系统构建碳排放数据库、强化来源识别、控制源头排放，加强河口水体减污减排协同研究，达到减污降碳协同增效。区域产业集群效应明显，多元化污染趋势明显、生态环境风险不容忽视，需要规范企业排污行为的同时，加快集成化技术创新的步伐，构建多元污染监测治理的综合技术体系。考虑到近年来珠江口生态系统格局的巨大变化，治理水污染、改善生态功能，需要以山水林田湖草为整体进行全局统筹性考虑。河口上游污染物回荡现象严重，河口直排海等污染负荷高，需要政策法规和技术创新双管齐下，以新的技术手段和监测方式全方位应对新时期河口污染。

参考文献

陈斌，吕向立，王中瑗，钟煜宏，吴梅桂，胡希声，肖瑜璋 . 2016. 珠江口表层沉积物重金属潜在生态风险及生物富集评价 . 中国海洋大学学报，51: 73-82.

陈明，蔡青云，徐慧，赵玲，赵永红 . 2015. 水体沉积物重金属污染风险评价研究进展 . 生态环境学报，24: 1069-1074.

褚帆，刘宪斌，刘占广，刘新蕾，张文亮，刘畅 . 2015. 天津近岸海域海水富营养化评价及其主成分分析 . 海洋通报，34: 107-112.

党二莎，唐俊逸，周连宁，叶超，鲍晨光 . 2019. 珠江口近岸海域水质状况评价及富营养化分析 . 大连海洋大学学报，34: 580-587.

董斯齐，黄翀，李贺，刘庆生，颜凤芹，苏奋振 . 2021. 粤港澳大湾区 2015—2019 年入海河口水质变化趋势 . 水资源保护，37: 48-55.

杜佳，王永红，黄清辉，戴琦，杨远东 . 2019. 珠江河口悬浮物中重金属时空变化特征及其影响因素 . 环境科学，40: 625-632.

杜威宁 . 2022. 海淀山湖多环芳烃多介质分布与营养级迁移研究 . 上海：华东师范大学 .

付淑清，钟霆堃，杨龙，谢露华，唐光良，宗永强 . 2023. 珠江口伶仃洋水体及表层沉积物砷污染时空变化 . 环境化学，42: 1-10.

付涛，党浩铭，梁海含，牛丽霞，杨清书 . 2023. 珠江口氮磷、重金属的分布及水环境安全评价 . 中南民族大学学报（自然科学版），42: 157-165.

付涛，梁海含，牛丽霞，党浩铭，陶伟，杨清书 . 2022. 夏季珠江口沉积物 - 水界面重金属分布特征及其影响因子研究 . 海洋学报，44: 182-192.

国家环境保护局 . 1997. 海水水质标准 . GB 3097—1997.

何柄震，王艳，王彪，卢士强，雷坤，李立群，程全国 . 2024. 2016—2021 年长江口海域营养盐时空变化特征及其影响因素 . 环境科学研究，37(2): 221-232.

何桂芳，袁国明，李凤岐 . 2004. 珠江口沿岸城市经济发展对珠江口水质的影响 . 海洋环境科学，23: 50-52,70.

胡阳 . 2021. 2009—2018 年长江口水域环境质量演变及湿地生态修复 . 上海：上海海洋大学 .

黄彬彬，郑淑娴，田丰歌 . 2019. 珠江口枯水期和丰水期中小型浮游动物群落动态 . 应用海洋学学报，38: 43-52.

黄向青，张顺枝，霍振海 . 2005. 深圳大鹏湾、珠江口海水有害重金属分布特征 . 海洋湖沼通报，4: 38-44.

贾后磊，谢健，吴桑云，何桂芳 . 2011. 近年来珠江口盐度时空变化特征 . 海洋湖沼通报，2: 142-146.

贾钧博,张嘉成,张浩楠,王雅婷,谢俊龙,胡俊杰,吕小梅 . 2021. 珠江口水体中重金属含量及其生态风险评价 . 东莞理工学院学报 , 28: 54–60.

姜胜 . 2006. 广州海域主要污染物的分布与环境质量评价 . 广州 : 暨南大学 .

蒋志刚,江建平,王跃招,张鹗,李立立,张雁云,罗振华,谢锋,蔡波,曹亮,郑光美,董路,张正旺,丁平,罗振华,丁长青,马志军,汤宋华,曹文宣,李春旺,胡慧建,马勇,吴毅,王应祥,周开亚,刘少英,陈跃英,李家堂,冯祚建,王燕,王斌,李成,宋雪琳,蔡蕾,臧春鑫,曾岩,孟智斌,方红霞,平晓鸽 . 2016. 中国脊椎动物红色名录 . 生物多样性 , 24(5): 500–551.

李桂峰 . 2013. 广东淡水鱼类资源调查与研究 . 北京 : 科学出版社 .

李桂峰,庄平 . 2018. 珠江口鱼类多样性与资源保护 . 北京 : 中国农业出版社 .

李贺,王书航,车霏霏,姜霞,牛勇 . 2023. 巢湖、洞庭湖、鄱阳湖沉积物重金属污染及来源的 Meta 分析 . 中国环境科学 , 43: 831–842.

李秀丽,赖子尼,穆三妞,赵李娜,王超,高原 . 2013. 珠江入海口表层沉积物中多氯联苯残留与风险评价 . 生态环境学报 , 22: 135–140.

李旭,李军,李开明,焦亮,臧飞,毛潇萱,脱新颖,台喜生 . 2024. 基于蒙特卡洛模拟的兰州银滩湿地公园沉积物重金属污染特征及风险评价 . 环境化学 , 43: 1111–1126.

梁国玲,孙继朝,黄冠星,荆继红,刘景涛,陈玺,张玉玺,杜海燕 . 2009. 珠江三角洲地区地下水锰的分布特征及其成因 . 中国地质 , 36: 899–906.

梁鑫,彭在清 . 2018. 广西涠洲岛珊瑚礁海域水质环境变化研究与评价 . 海洋开发与管理 , 1: 114–119.

梁志,王肇鼎 . 1983. 珠江口氯度、盐度、电导和碱度的状况与相互关系 . 海洋学报 , 5: 728–734.

林植青,郑建禄,徐梅春,陈金斯,朱建华 . 1985. 珠江广州至虎门段水体中的营养盐 . 热带海洋 , 4: 52–59.

刘铁庚,叶霖,周家喜,王兴理 . 2010. 闪锌矿中的 Cd 主要类质同象置换 Fe 而不是 Zn. 矿物学报 , 30: 179–184.

龙苒,陈海刚,田斐,王学锋,张林宝,张喆,唐振朝,叶国玲,陈建华 . 2023. 基于 PSR 模型的珠江口海域富营养化特征与评价 . 应用海洋学报 , 42: 317–328.

马兴华,张云,崔国锚,史树洁,左其亭 . 2023. 面向粤港澳大湾区建设的珠江流域水安全保障研究框架与展望 . 人民珠江 .

莫自兴 . 2010. 生活饮用水中锰污染来源浅探 . 疾病检测与控制杂志 , 4: 29–30.

倪志鑫,张霞,蔡伟叙,刘景钦,黄小平 . 2016. 珠江口沉积物中重金属分布、形态特征及风险分析 . 海洋环境科学 , 35: 321–328.

潘炯华 . 1991. 广东淡水鱼类志 . 广州 : 广东科技出版社 .

潘澎,赖子尼 . 2016. 生活污水对珠江口渔业水域环境的影响评价 . 海洋渔业 , 38: 616–622.

彭鹏飞,李绪录,杨琴,彭昆仑,林梵 . 2017. 珠江口黄茅海表层海水和沉积物中重金属的分布及评价 . 环境监测管理与技术 , 29: 28–32.

彭松耀,赖子尼,麦永湛 . 2019. 珠江口大型底栖动物数量与生物多样性的分布特征 . 海洋渔业 , 41: 266–277.

彭云辉,陈浩如,李少芬 . 1991. 珠江口水体的 pH 和碱度 . 热带海洋 , 10: 49–55.

覃业曼,路虎,谢子强,孙浩,蓝军南,廖宝林,肖宝华.2021.珠江口磨刀门水域水质状况调查研究.中国资源综合利用,39: 61–65.

沈周宝.2023.珠江河口典型水生生物对环境变化的响应及其指示意义研究.东莞:东莞理工学院.

施玉珍,赵辉,王喜达,张际标,孙省利,杨国欢.2019.珠江口海域营养盐和叶绿素 a 的时空分布特征.广东海洋大学学报,39: 56–65.

宋玉梅,王畅,刘爽,潘佳钏,郭鹏然.2019.广州饮用水水源地多环芳烃分布、来源及人体健康风险评价.环境科学,40: 3489–3500.

唐亦汉,陈晓宏.2015.近 50 年珠江流域降雨多尺度时空变化特征及其影响.地理科学,35: 476–482.

汪斌,胡嘉镗,李适宇,梁博.2016.上游河口溶解氧的输入对珠江口缺氧影响的数值模拟研究.全国水环境污染控制与生态修复技术高级研讨会: 172–177.

王新红,于晓璇,王思权,殷笑晗,钱韦旭,林晓萍,吴越,刘畅.2022.河口 - 近海环境新污染物的环境过程、效应与风险.环境科学,43: 4810–4821.

王兴菊,于文晴,赵华青,赵然杭,赵莹,吕静.2023.大冶水库夏秋季热分层对沉积物氮磷释放的影响.环境科学与技术,46: 42–52.

王增焕,林钦,李纯厚,黄洪辉,杨美兰,甘居利,蔡文贵.2004.珠江口重金属变化特征与生态评价.中国水产科学,11: 3–8.

王中伟.2019.珠江中的锌及其同位素地球化学研究.北京:中国科学院大学.

吴建平.2017.广西近岸海域不同海区水质评价及其动态.龙岩学院学报,35: 102–108.

吴孝情,朱家亮,任秀文,陈中颖.2022.珠江口城市入海河流的污染特征及治理成效评估:以东莞市为例.环境污染,50: 35–41.

夏维,周争桥.2021.基于观测资料的珠江口附近海域夏季气象水文要素分析.海洋湖沼通报,43: 60–65.

徐升,顾长梅,钱贞兵,张运.2016.基于四波段模型的巢湖水体藻蓝素浓度反演.绿色科技,16: 18–25.

许振成.2003.珠江口海域环境及其综合治理问题辨析.热带海洋学报,6: 88–93.

颜丰华,陈伟华,常鸣,王伟文,刘永林,钟部卿,毛敬英,杨士士,王雪梅,刘婵芳.2021.珠江三角洲大气光化学氧化剂(Ox)与 $PM_{2.5}$ 复合超标污染特征及气象影响因素.环境科学,42: 1600–1614.

杨婉玲,赖子尼,魏泰莉,庞世勋,高原.2010.2006 年珠江入海口营养现状调查及生态危害评价.广东农业科学,11: 196–199.

易思亮.2017.中国海岸带蓝碳价值评估.厦门:厦门大学.

张菲菲,唐玉光,孙培艳,王鑫平,李一鸣,陆金仁,包木太.2023.珠江口八大口门 PAHs 时空分布特征.环境化学,42: 863–872.

张万磊,张永丰,张建乐,赵书利.2014.北戴河赤潮监控区营养盐变化及富营养化状况分析.海洋湖沼通报,1: 143–147.

张亚南.2013.黄河口、长江口、珠江口及其邻近海域重金属的河口过程和沉积物污染风险评价.厦门:国家海洋局第三海洋研究所.

张亚南,贺青,陈金民,林彩,暨卫东.2013.珠江口及其邻近海域重金属的河口过程和沉积物污染风险评价.海洋学报,35: 178–186.

张毅茜,冯晓明,王晓峰,傅伯杰,周潮伟.2019.重点脆弱生态区生态恢复的综合效益评估.生态学报,

39: 7367–7381.

赵孟绪, 肖利娟. 2023. 粤港澳大湾区水库蓝藻水华特征与防治对策建议. 广东水利水电, 12: 41–78.

中华人民共和国住房和城乡建设部. 2022. 中国城市建设统计年鉴.

中华人民共和国国家卫生健康委员会. 2021. 化学物质环境健康风险评估技术指南.

朱琳跃, 蓝家程, 孙玉川, 沈立成, 王尊波, 叶凯. 2020. 典型岩溶区土壤和地下水中多环芳烃的分布特征及健康风险研究. 环境科学学报, 40: 3361–3374.

Acevedo-Figueroa D, Jiménez B D, Rodríguez-Sierra C J. 2006. Trace metals in sediments of two estuarine lagoons from Puerto Rico. Environ. Pollut, 141: 336–342.

Ahmad M, Wang P, Li J L, Wang R, Duan L, Luo X, Irfan M, Peng Z, Yin L, Li W J. 2021. Impacts of bio-stimulants on pyrene degradation, prokaryotic community compositions, and functions. Environ. Pollut., 289: 117863.

Algonin A, Zhao B, Cui Y, Xie F, Yue X. 2023. Enhancement of iron-based nitrogen removal with an electric–magnetic field in an upflow microaerobic sludge reactor (UMSR). Environ. Sci. Pollut. Res., 30: 35054–35063.

Bauer J E, Bianchi T S. 2012. Dissolved organic carbon cycling and transformation//Wolanski E, McLusky D. Treatise on Estuarine and Coastal Science. Elsevier Inc.: 7–67.

Bricker S B, Ferreira J G, Simas T. 2003. An integrated methodology for assessment of estuarine trophic status. Ecol. Modell., 169: 39–60.

Cai Y, Han Z, Lu H, Zhao R, Wen M, Liu H, Zhang B. 2024. Spatial-temporal variation, source apportionment and risk assessment of lead in surface river sediments over ~20 years of rapid industrialisation in the Pearl River Basin, China. J. Hazard. Mater., 464: 132981.

Chen B, Tan E, Zou W, Han L L, Tian L, Kao S J. 2024. The external/internal sources and sinks of greenhouse gases (CO_2, CH_4, N_2O) in the Pearl River Estuary and adjacent coastal waters in summer. Water Res., 249: 120913.

Chen Z, An C, Tan Q, Tian X, Li G, Zhou Y. 2021. Spatiotemporal analysis of land use pattern and stream water quality in southern Alberta, Canada. J. Contam. Hydrol., 242: 103852.

Cheng X, Dong Y, Fan F, Xiao S, Liu J, Wang S, Lin W, Zhou C. 2023. Shifts in the high-resolution spatial distribution of dissolved N_2O and the underlying microbial communities and processes in the Pearl River Estuary. Water Res., 243: 120351.

Cui J, Zhao Y, Li J, Beiyuan J, Tsang D C W, Poon C, Chan T, Wang W, Li X. 2018. Speciation, mobilization, and bioaccessibility of arsenic in geogenic soil profile from Hong Kong. Environ. Pollut., 232: 375–384.

Dai M, Wang L, Guo X, Zhai W, Li Q, He B, Kao S J. 2008. Nitrification and inorganic nitrogen distribution in a large perturbed river/estuarine system: The Pearl River Estuary, China. Biogeosciences, 5: 1227–1244.

Das N, Bhuyan B, Pandey P. 2022. Correlation of soil microbiome with crude oil contamination drives detection of hydrocarbon degrading genes which are independent to quantity and type of contaminants. Environ. Res., 215: 114185.

Deng S, Li C, Jiang X, Zhao T, Huang H. 2023. Research on surface water quality assessment and its driving factors: A case study in Taizhou City, China. Water, 15: w15010026.

Deng Y, Jiang Y H., Yang Y, He Z, Luo F, Zhou J. 2012. Molecular ecological network analyses. BMC Bioinformatics, 13: 113.

Dong Y, Liu J, Cheng X, Fan F, Lin W, Zhou C, Wang S, Xiao S, Wang C, Li Y, Li C. 2023. Wastewater-influenced estuaries are characterized by disproportionately high nitrous oxide emissions but overestimated IPCC emission factor. Commun. Earth Environ., 4: 395.

Elliott M, Whitfield A K, Potter I C, Blaber S J M, Cyrus D P, Nordlie F G, Harrison T D. 2007. The guild approach to categorizing estuarine fish assemblages: A global review. Fish Fish., 8: 241–268.

Evich M G, Davis M J B, McCord J P, Acrey B, Awkerman J A, Knappe D R U, Lindstrom A B, Speth T F, Tebes-Stevens C, Strynar M J, Wang Z, Weber E J, Henderson W M, Washington J W. 2022. Per- and polyfluoroalkyl substances in the environment. Science , 375 (80): eabg9065.

Fang Z, Wang W X. 2022. Dynamics of trace metals with different size species in the Pearl River Estuary, Southern China. Sci. Total Environ., 807: 150712.

Guo L, Zhang X, Luo D, Yu R Q, Xie Q, Wu Y. 2021. Population-level effects of polychlorinated biphenyl (PCB) exposure on highly vulnerable Indo-Pacific humpback dolphins from their largest habitat. Environ. Pollut., 286: 117544.

Hafner W D, Carlson D L, Hites R A. 2005. Influence of local human population on atmospheric polycyclic aromatic hydrocarbon concentrations. Environ. Sci. Technol., 39: 7374–7379.

Hansen A M, Leckie J O, Mee L D. 1992. Cobalt(II) interactions with near-coastal marine sediments. Environ. Geol. Water Sci., 19: 97–111.

He B, Dai M, Zhai W, Guo X, Wang L. 2014. Hypoxia in the upper reaches of the Pearl River Estuary and its maintenance mechanisms: A synthesis based on multiple year observations during 2000—2008. Mar. Chem., 167: 13–24.

He C, Pan Q, Li P, Xie W, He D, Zhang C, Shi Q, 2020. Molecular composition and spatial distribution of dissolved organic matter (DOM) in the Pearl River Estuary, China. Environ. Chem., 17: 240–251.

Huang D, Xu R, Sun X, Li Y, Xiao E, Xu Z, Wang Q, Gao P, Yang Z, Lin H, Sun W. 2022. Effects of perfluorooctanoic acid (PFOA) on activated sludge microbial community under aerobic and anaerobic conditions. Environ. Sci. Pollut. Res., 29: 63379–63392.

Huang J, Zhang Y, Bing H, Peng J, Dong F, Gao J, Arhonditsis G B. 2021. Characterizing the river water quality in China: Recent progress and on-going challenges. Water Res., 201: 117309.

Huang X, Wu X, Tang X, Zhang Z, Ma J, Zhang J, Liu H. 2021. Distribution characteristics and risk of heavy metals and microbial community composition around the Wanshan mercury mine in Southwest China. Ecotoxicol. Environ. Saf., 227: 112897.

Irigoien X, Castel J. 1997. Light limitation and distribution of chlorophyll pigments in a highly turbid estuary: The Gironde (SW France). Estuar. Coast. Shelf Sci., 44: 507–517.

Jara-Marini M E, Soto-Jiménez M F, Páez-Osuna F. 2008. Bulk and bioavailable heavy metals (Cd, Cu, Pb, and Zn) in surface sediments from Mazatlán Harbor (SE Gulf of California). Bull. Environ. Contam. Toxicol.,

80: 150–153.

Jiang M, Ji S, Wu R, Yang H, Li Y Y, Liu J. 2023. Exploiting refractory organic matter for advanced nitrogen removal from mature landfill leachate via anammox in an expanded granular sludge bed reactor. Bioresour. Technol., 371: 128594.

Jiao Z, Li H, Song M, Wang L. 2018. Ecological risk assessment of heavy metals in water and sediment of the Pearl River Estuary, China. IOP Conference Series: Materials Science and Engineering: 052055.

Jin M, Yu X B, Yao Z, Tao P, Li G, Yu X W, Zhao J L, Peng J. 2020. How biofilms affect the uptake and fate of hydrophobic organic compounds (HOCs) in microplastic: Insights from an In situ study of Xiangshan Bay, China. Water Res., 184: 116118.

Kanso S, Greene A C, Patel B K C. 2002. *Bacillus subterraneus* sp. nov., an iron- and manganese-reducing bacterium from a deep subsurface Australian thermal aquifer. Int. J. Syst. Evol. Microbiol., 52: 869–874.

Kristell H, Akiyama H, Bernoux M, Chirinda N, Prado A del, Kasimir Å, MacDonald J D, Ogle S M, Regina K, Weerden T J van der. 2019. N_2O emissions from managed soils, and CO_2 emissions from lime and urea application. 2019 Refinement to the 2006 IPCC Guidelines for National Greenhouse Gas Inventories. Intergovernmental Panel on Climate Change (IPCC): 1–54.

Li K, Yin J, Huang L, Zhang J, Lian S, Liu C. 2011. Distribution and abundance of thaliaceans in the northwest continental shelf of South China Sea, with response to environmental factors driven by monsoon. Cont. Shelf Res., 31: 979–989.

Li T, Jia L, Zhu X, Xu M, Zhang X. 2023. Distribution and risk assessment of heavy metals in surface sediments of coastal mudflats on Leizhou Peninsula, China. Acta Oceanol. Sin., 42: 25–34.

Li X, Qi M, Gao D, Liu M, Sardans J, Peñuelas J, Hou L. 2022. Nitrous oxide emissions from subtropical estuaries: Insights for environmental controls and implications. Water Res., 212: 118110.

Li Y, Song G, Massicotte P, Yang F, Li R, Xie H. 2019. Distribution, seasonality, and fluxes of dissolved organic matter in the Pearl River (Zhujiang) estuary, China. Biogeosciences, 16: 2751–2770.

Li Y, Wang Z, Cai Y, Xiao K, Guo Z, Pan F. 2023. High resolution dissolved heavy metals in sediment porewater of a small estuary: Distribution, mobilization and migration. Sci. Total Environ., 905: 167238.

Liang R Z, Gu Y G, Li H S, Han Y J, Niu J, Su H, Jordan R W, Man X T, Jiang S J. 2023. Multi-index assessment of heavy metal contamination in surface sediments of the Pearl River estuary intertidal zone. Mar. Pollut. Bull., 186: 114445.

Lin H, Dai M, Kao S J, Wang L, Roberts E, Yang J Y T, Huang T, He B. 2016. Spatiotemporal variability of nitrous oxide in a large eutrophic estuarine system: The Pearl River Estuary, China. Mar. Chem., 182: 14–24.

Lin W, Fan F, Xu G, Gong K, Cheng X. 2023. Microbial community assembly responses to polycyclic aromatic hydrocarbon contamination across water and sediment habitats in the Pearl River Estuary. J. Hazard. Mater., 457: 131762.

Lin W, Wu Z, Wang Y, Jiang R, Ouyang G. 2024. Size-dependent vector effect of microplastics on the bioaccumulation of polychlorinated biphenyls in tilapia: A tissue-specific study. Sci. Total Environ., 915:

170047.

Liu F, Hu S, Guo X, Niu L, Cai H, Yang Q. 2018. Impacts of estuarine mixing on vertical dispersion of polycyclic aromatic hydrocarbons (PAHs) in a tide-dominated estuary. Mar. Pollut. Bull., 131: 276–283.

Liu J N, Du J, Wu Y, Liu S. 2018. Nutrient input through submarine groundwater discharge in two major Chinese estuaries: the Pearl River Estuary and the Changjiang River Estuary. Estuar. Coast. Shelf Sci., 203: 17–28.

Liu J, Chen X, Shu H Y, Lin X R, Zhou Q X, Bramryd T, Shu W S, Huang L N. 2018. Microbial community structure and function in sediments from e-waste contaminated rivers at Guiyu area of China. Environ. Pollut., 235: 171–179.

Liu Q, Jia Z, Liu G, Li S, Hu J. 2023. Assessment of heavy metals remobilization and release risks at the sediment-water interface in estuarine environment. Mar. Pollut. Bull., 187: 114517.

Liu S, Gao Q, Wu J, Xie Y, Yang Q, Wang R, Zhang J, Liu Q. 2022. Spatial distribution and influencing mechanism of CO_2, N_2O and CH_4 in the Pearl River Estuary in summer. Sci. Total Environ., 846: 157381.

Loska K, Wiechuła D. 2003. Application of principal component analysis for the estimation of source of heavy metal contamination in surface sediments from the Rybnik Reservoir. Chemosphere, 51: 723–733.

Luo X, Mai B, Yang Q, Fu J, Sheng G, Wang Z. 2004. Polycyclic aromatic hydrocarbons (PAHs) and organochlorine pesticides in water columns from the Pearl River and the Macao harbor in the Pearl River Delta in South China. Mar. Pollut. Bull., 48: 1102–1115.

Lv J, Zhang Z, Li S, Liu Y, Sun Y, Dai B. 2014. Assessing spatial distribution, sources, and potential ecological risk of heavy metals in surface sediments of the Nansi Lake, Eastern China. J. Radioanal. Nucl. Chem., 299: 1671–1681.

Ma Y, Wang W, Gao F, Yu C, Feng Y, Gao L, Zhou J, Shi H, Liu C, Kong D, Zhang X, Li R, Xie J. 2024. Acidification and hypoxia in seawater, and pollutant enrichment in the sediments of Qi'ao Island mangrove wetlands, Pearl River Estuary, China. Ecol. Indic., 158: 111589.

Maavara T, Lauerwald R, Laruelle G G, Akbarzadeh Z, Bouskill N J, Van Cappellen P, Regnier P. 2019. Nitrous oxide emissions from inland waters: Are IPCC estimates too high? Glob. Chang. Biol., 25: 473–488.

Ming H X, Fan J F, Liu J W, S J, Wan Z Y, Wang Y T, Li D W, Li M F, Shi T T, Jin Y, Huang H L, Song J X. 2021. Full-length 16S rRNA gene sequencing reveals spatiotemporal dynamics of bacterial community in a heavily polluted estuary, China. Environ. Pollut., 275: 116567.

Murray R H, Erler D V, Eyre B D. 2015. Nitrous oxide fluxes in estuarine environments: Response to global change. Glob. Chang. Biol., 21: 3219–3245.

NOAA (National Oceanic and Atmospheric Adiministration). 1985. National estuarine inventory: Data atlas, vol. 1: Physical and hydrologic characteristics. Rockville, MD: Strategic Assessment Branch, Ocean Assessments Division: 103 .

Ouyang G, Cui S, Qin Z, Pawliszyn J. 2009. One-calibrant kinetic calibration for on-site water sampling with solid-phase microextraction. Anal. Chem., 81: 5629–5636.

Pagé A P, Yergeaué, Greer C W. 2015. Salix purpurea stimulates the expression of specific bacterial xenobiotic degradation genes in a soil contaminated with hydrocarbons. PLoS One, 10: e0132062.

Park H S, Kim B H, Kim H S, Kim H J, Kim G T, Kim M, Chang I S, Park Y K, Chang H I. 2001. A novel electrochemically active and Fe(III)-reducing bacterium phylogenetically related to Clostridium butyricum isolated from a microbial fuel cell. Anaerobe, 7: 297–306.

Pekey H, Doğan G. 2013. Application of positive matrix factorisation for the source apportionment of heavy metals in sediments: A comparison with a previous factor analysis study. Microchem. J., 106: 233–237.

Premnath N, Mohanrasu K, Guru Raj Rao R, Dinesh G H, Prakash G S, Ananthi V, Ponnuchamy K, Muthusamy G, Arun A. 2021. A crucial review on polycyclic aromatic hydrocarbons–Environmental occurrence and strategies for microbial degradation. Chemosphere, 280: 130608.

Qian W, Gan J, Liu J, He B, Lu Z, Guo X, Wang D, Guo L, Huang T, Dai M. 2018. Current status of emerging hypoxia in a eutrophic estuary: The lower reach of the Pearl River Estuary, China. Estuar. Coast. Shelf Sci., 205: 58–67.

Qiang L, Cheng J, Mirzoyan S, Kerkhof L J, Häggblom M M. 2021. Characterization of microplastic-associated biofilm development along a freshwater-estuarine gradient. Environ. Sci. Technol., 55: 16402–16412.

Qiao W, Xie Z, Zhang Y, Liu X, Xie S, Huang J, Yu L. 2018. Perfluoroalkyl substances (PFASs) influence the structure and function of soil bacterial community: Greenhouse experiment. Sci. Total Environ., 642: 1118–1126.

Qin J, Yang Y, Xu N, Wang Q, Sun X. 2022. Occurrence, partition, and risk of four adjacent transition metals in seawater, sediments and demersal fish from the Pearl River Estuary, South China Sea. Mar. Pollut. Bull., 184: 114159.

Rankinen K, Keinänen H, Cano Bernal J E. 2016. Influence of climate and land use changes on nutrient fluxes from Finnish rivers to the Baltic Sea. Agric. Ecosyst. Environ., 216: 100–115.

Sandhu M, Paul A T, Jha P N. 2022. Metagenomic analysis for taxonomic and functional potential of Polyaromatic hydrocarbons (PAHs) and Polychlorinated biphenyl (PCB) degrading bacterial communities in steel industrial soil. PLoS One, 17: e0266808.

Senevirathna S T M L D, Krishna K C B, Mahinroosta R, Sathasivan A. 2022. Comparative characterization of microbial communities that inhabit PFAS-rich contaminated sites: A case-control study. J. Hazard. Mater., 423: 126941.

Sharifan H, Bagheri M, Wang D, Burken J G, Higgins C P, Liang Y, Liu J, Schaefer C E, Blotevogel J. 2021. Fate and transport of per- and polyfluoroalkyl substances (PFASs) in the vadose zone. Sci. Total Environ., 771: 145427.

Shi T, Li M, Wei G, Liu J, Gao Z. 2020. Distribution patterns of microeukaryotic community between sediment and water of the Yellow River Estuary. Curr. Microbiol., 77: 1496–1505.

States U, Taihu L, Sound P, Carolina N, States U. 2016. Study role of climate change in extreme threats to water quality. Nature, 535: 349–350.

Tang Z, Liu X, Niu X, Yin H, Liu M, Zhang D, Guo H. 2023. Ecological risk assessment of aquatic organisms induced by heavy metals in the estuarine waters of the Pearl River. Sci. Rep., 13: 9145.

Tao M, Kong Y, Jing Z, Guan L, Jia Q, Shen Y, Hu M. 2023. Corncobs addition enhances the nitrogen removal in a constructed wetland for the disposal of secondary effluent from wastewater treatment plants. J. Water Process Eng., 56: 104467.

Tian H, Xu R, Canadell J G, Thompson R L, Winiwarter W, Suntharalingam P, Davidson E A, Ciais P, Jackson R B, Janssens-Maenhout G, Prather M J, Regnier P, Pan N, Pan S, Peters G P, Shi H, Tubiello F N, Zaehle S, Zhou F, Arneth A, Battaglia G, Berthet S, Bopp L, Bouwman A F, Buitenhuis E T, Chang J, Chipperfield M P, Dangal S R S, Dlugokencky E, Elkins J W, Eyre B D, Fu B, Hall B, Ito A, Joos F, Krummel P B, Landolfi A, Laruelle G G, Lauerwald R, Li W, Lienert S, Maavara T, MacLeod M, Millet D B, Olin S, Patra P K, Prinn R G, Raymond P A, Ruiz D J, van der Werf G R, Vuichard N, Wang J, Weiss R F, Wells K C, Wilson C, Yang J, Yao Y. 2020. A comprehensive quantification of global nitrous oxide sources and sinks. Nature, 586: 248–256.

Wang G, Xia X, Liu S, Zhang S, Yan W, McDowell W H. 2021. Distinctive patterns and controls of nitrous oxide concentrations and fluxes from urban inland waters. Environ. Sci. Technol., 55: 8422–8431.

Wu J, Zhao R, Zhao L, Xu Q, Lv J, Ma F. 2023. Sorption of petroleum hydrocarbons before transmembrane transport and the structure, mechanisms and functional regulation of microbial membrane transport systems. J. Hazard. Mater., 441: 129963.

Wurl O, Obbard J P, Lam P K S. 2006. Distribution of organochlorines in the dissolved and suspended phase of the sea-surface microlayer and seawater in Hong Kong, China. Mar. Pollut. Bull., 52: 768–777.

Xiao H, Shahab A, Ye F, Wei G, Li J, Deng L. 2022. Source-specific ecological risk assessment and quantitative source apportionment of heavy metals in surface sediments of Pearl River Estuary, China. Mar. Pollut. Bull., 179: 113726.

Xiao K, Pan F, Li Y, Li Z, Li H, Guo Z, Wang X, Zheng C. 2023. Coastal aquaculture regulates phosphorus cycling in estuarine wetlands: Mobilization, kinetic resupply, and source-sink process. Water Res., 234: 119832.

Xie M, Wang W X. 2020. Contrasting temporal dynamics of dissolved and colloidal trace metals in the Pearl River Estuary. Environ. Pollut., 265: 114955.

Xie X, Yuan K, Yao Y, Sun J, Lin L, Huang Y, Lin G, Luan T, Chen B. 2022. Identification of suspended particulate matters as the hotspot of polycyclic aromatic hydrocarbon degradation-related bacteria and genes in the Pearl River Estuary using metagenomic approaches. Chemosphere, 286: 131668.

Yan H, Yan Z, Wang L, Hao Z, Huang J. 2022. Toward understanding submersed macrophyte Vallisneria natans-microbe partnerships to improve remediation potential for PAH-contaminated sediment. J. Hazard. Mater., 425: 127767.

Yang J, Huang X. 2021. The 30m annual land cover dataset and its dynamics in China from 1990 to 2019. Earth Syst. Sci. Data, 13: 3907–3925.

Yang Y, Chen F, Zhang L, Liu J, Wu S, Kang M. 2012. Comprehensive assessment of heavy metal contamination in sediment of the Pearl River Estuary and adjacent shelf. Mar. Pollut. Bull., 64: 1947–1955.

Yang Y H, Sheng G Y, Fu J M, Min Y S. 1997. Organochlorinated compounds in waters of the pearl river delta region. Environ. Monit. Assess., 44: 569–5575.

Yi H, Cui J, Sun J, Zhou X, Ye T, Gan S, Chen J, Yang Y, Liang W, Guo P, Abdelhaleem A, Xiao T. 2023. Key drivers regulating arsenic enrichment in shallow groundwater of the Pearl River Delta: Comprehensive analyses of iron, competitive anions, and dissolved organic matter. Appl. Geochemistry, 151: 105602.

Yu L. 2019. Deliverable 12-1 : Atmospheric deposition of Nutrients and Heavy Metals over the Yellow Sea.

Zhang H, Jiang Y, Ding M, Xie Z. 2017. Level, source identification, and risk analysis of heavy metal in surface sediments from river-lake ecosystems in the Poyang Lake, China. Environ. Sci. Pollut. Res., 24: 21902–21916.

Zhang Lilan, Yi M, Lu P. 2022. Effects of pyrene on the structure and metabolic function of soil microbial communities. Environ. Pollut., 305: 119301.

Zhang Ling, Ni Z, Li J, Shang B, Wu Y, Lin J, Huang X. 2022. Characteristics of nutrients and heavy metals and potential influence of their benthic fluxes in the Pearl River Estuary, South China. Mar. Pollut. Bull., 179: 113685.

Zhang P, Ou S, Zhang J X, Zhao L, Zhang J B. 2022. Categorizing numeric nutrients criteria and implications for water quality assessment in the Pearl River Estuary, China. Front. Mar. Sci., 9: 1004235.

Zhang X, Zhang Z F, Zhang X M, Yang P F, Li Y F, Cai M, Kallenborn R. 2021. Dissolved polycyclic aromatic hydrocarbons from the Northwestern Pacific to the Southern Ocean: Surface seawater distribution, source apportionment, and air-seawater exchange. Water Res., 207: 117780.

Zhang Z, Dai M, Hong H, Zhou J L, Yu G. 2002. Dissolved insecticides and polychlorinated biphenyls in the Pearl River Estuary and South China Sea. J. Environ. Monit., 4: 922–928.

Zhao Q, Wang J, Wang J J, Wang J X L. 2019. Seasonal dependency of controlling factors on the phytoplankton production in Taihu Lake, China. J. Environ. Sci. (China), 76: 278–288.

Zheng J, Wang S, Zhou A, Zhao B, Dong J, Zhao X, Li P, Yue X. 2020. Efficient elimination of sulfadiazine in an anaerobic denitrifying circumstance: Biodegradation characteristics, biotoxicity removal and microbial community analysis. Chemosphere, 252: 126472.

Zhou G J, Lai R W S, Sham R C T, Lam C S, Yeung K W Y, Astudillo J C, Ho K K Y, Yung M M N, Yau J K C, Leung K M Y. 2019. Accidental spill of palm stearin poses relatively short-term ecological risks to a tropical coastal marine ecosystem. Environ. Sci. Technol., 53: 12269–12277.